草原非生物灾害
监测评估研究（续集）

◎ 都瓦拉　刘桂香　主编

中国农业科学技术出版社

图书在版编目（CIP）数据

草原非生物灾害监测评估研究：续集／都瓦拉，刘桂香
主编 . --北京：中国农业科学技术出版社，2022.1
ISBN 978-7-5116-5676-6

Ⅰ.①草… Ⅱ.①都…②刘… Ⅲ.①草原–灾害–
应急对策–研究–内蒙古 Ⅳ.①S812.6

中国版本图书馆 CIP 数据核字（2021）第 272746 号

责任编辑	李冠桥
责任校对	李向荣
责任印制	姜义伟　王思文

出 版 者	中国农业科学技术出版社
	北京市中关村南大街 12 号　邮编：100081
电　　话	（010）82109705（编辑室）　（010）82109702（发行部）
	（010）82109709（读者服务部）
网　　址	http://www.castp.cn
经 销 者	各地新华书店
印 刷 者	北京建宏印刷有限公司
开　　本	140 mm×203 mm　1/32
印　　张	6.875
字　　数	149 千字
版　　次	2022 年 1 月第 1 版　2022 年 1 月第 1 次印刷
定　　价	40.00 元

资助项目：

（1）草原非生物灾害防灾减灾团队（CAAS-ASTIP-2015-IGR-04）

（2）内蒙古自治区"科技兴蒙"行动重点专项"阿尔山森林草原防火监测预警系统研发与集成示范"（2020ZD0028）

（3）内蒙古自治区科技创新引导项目"森林草原火灾监测预警与应急管理系统"

（4）中央引导地方科技发展资金"阿尔山生态保护与资源综合利用技术集成示范"

（5）内蒙古自治区自然科学基金项目"牧户尺度草原旱灾损失快速评估方法研究——以东乌珠穆沁旗为例"（2017MS0409）

前　言

联合国政府间气候变化专门委员会研究报告显示，气候变暖是导致全球自然灾害不断爆发的主要原因，而且自然灾害在逐年增加。我国草原面积广，草地类型多样，草原自然灾害比较严重。草原自然灾害发生原因涉及天气、气候、社会以及自然界各种有关的因素，发生具有一定的随机性和不确定性，对草原地区人民生命财产的威胁很大，给经济建设、社会安定带来巨大影响，严重制约着我国畜牧业生产稳定发展，同时也对人民的生存环境乃至国土安全构成严重威胁。研究草原非生物灾害的监测评估方法对于提高抗灾能力、防灾减灾有重要的意义。

在可持续发展的基本原则下，借助现代的"3S"技术手段、灾害模拟评估技术、灾害风险预警预报技术、虚拟现实技术、应急管理技术，利用社会调查、遥感与 GIS、定位观测与实验、数理统计、模型模拟等多种技术手段，通过草学、灾害学、气象学等多学科交叉，综合理论及方法，并结合国外先进的研究成果，联合攻关解决了基于惠更斯原理和王正非林火蔓延模型的草原火蔓延动态模拟，基于自然灾害风险评估以及雪灾风险评估的理论和方法建立了内蒙古的雪灾风险评估模型，利用高分辨率遥感影像分别对典型露天煤矿、萤石矿和锡多金属矿的景观格局进行解译分析，同时对土壤重金属元素（Zn、Cr、Cu、Ni、Mn 和 Co）的空间分布特征和来源进行分析。

中国农业科学院草原非生物灾害防灾减灾团队以重大草原非生物灾害为研究对象，对草原旱灾、火灾、雪灾等的监测、预警、灾情评估及应急救助等进行研究，提出较完善的草原非生物灾害应急管理技术体系，解决草原非生物灾害监测评估关键技术，构建和研发草原非生物灾害应急管理数据库和决策平台，为政府制定草原非生物灾害监测预报、应急救助等决策提供服务，实现我国非生物灾害灾前、灾中、灾后一体化管理，全面提高我国草原非生物灾害（雪灾、旱灾、火灾等）应急管理水平。前期出版了《草原非生物灾害监测评估研究》，本著作是在前期的研究基础上，针对我国草原火灾、雪灾、矿产开采对草原的影响，对草原管理中的关键技术进行研究。研究解决的关键风险评价和管理技术是专门针对我国草原牧区的生态系统、生产模式和灾害对象，具有明显的地域性特点，满足草原牧区防灾减灾的紧迫需求。研究结果可以广泛应用到我国草原牧区，推动草原牧区灾害风险评价与应急减灾管理研究进程。

编　者
2022 年 1 月

目　录

第一章 草原火蔓延时空动态模拟研究

第一节 引言

一、研究背景与意义

广义上讲，无论是在高海拔或低海拔，还是在营养丰富或贫乏的土地上，草原遍布全球且分布在各种各样的环境中。除了南极洲，世界各大洲都有草原。草原是地球系统的重要组成部分，在养分、水和碳的循环中发挥着重要作用，在维持生物多样性、繁殖野生动物和牲畜方面至关重要。草原也是我国陆地面积中最大的生态系统，主要分布在我国生态环境脆弱、气候敏感的西北干旱、半干旱地区，是农牧区畜牧发展的重要物质基础。近年来，随着全球气候变化以及人类活动和城市化的发展，大多数草原生态系统都在衰退，也极易受到各种自然灾害的影响。火是草原生态系统中每隔几年就发生的一种自然干扰，世界各地也发生过前所未有规模的火灾，如 2018 年的美国加利福尼亚山火、2019 年的亚马孙森林大火和 2020 年的澳大利亚大火等，火灾造成了严重的经济损失、人身伤害和环境成本。草原火灾是各类灾害中发生最频繁且极具毁灭性的一种灾害，对草原资源危害极为严重。它不仅可以烧毁地表植被、损毁牧草、破坏土壤结构、引起沙尘暴和水土流失、烧死地表珍贵物种等，同时还给牧区人民生命财产带来很大威胁，给经济建设、社会安定带来巨大负面影响。

内蒙古地区是我国北方温带草原的主要分布区，地处干旱、半干旱区，风大、日照时数长，地表枯枝、落叶丰厚，为草原火灾的发生提供了有利的环境条件。草原火灾经常给当地造成突发性的灾害，给草原生态系统及社会财富和畜牧业生产造成无法估量的损失。其中位于中蒙边境的内蒙古自治区东乌珠穆沁旗作为草原火灾多发地区，当境外发生火灾时，由于边境线两侧草原植被旺盛，草原火极易蔓延至我国，所以若能在草原火灾发生后迅速、准确地预测火灾可能的蔓延趋势，需要研究草原火灾的燃烧和蔓延机理，以达到控制火灾的最终目的。同时，可为控制火灾的蔓延提供科学依据，对扑灭火灾、减少财产损失和人员伤亡将具有重要意义和作用。

生态文明建设是"十四五"时期经济社会发展的着力点。把生态环境建设放在国家战略的大格局下去掂量。习近平总书记在参加十三届全国人大四次会议内蒙古代表团审议时强调，要保护好内蒙古生态环境，筑牢祖国北方生态安全屏障。所以，草原火作为破坏生态系统的威胁因子，研究草原火蔓延已势在必行，有重大国家战略意义。

本研究利用静止气象卫星 Himawari-8 数据为基础，利用惠更斯原理和时序线性外推法，结合王正非火蔓延模型，对一定时间内火场蔓延边界进行预测。实时跟踪监测草原火发展动态、准确模拟草原火蔓延趋势，为部署扑火力量、应急管理等方面提供决策依据，提升草原防灾减灾能力，更加有效地保护我国草原生态系统。

二、国内外研究现状

1. 草原火的研究现状

草原火（grassland fire）是草原可燃物的燃烧现象，指的是草原中可燃物，在一定温度条件下与氧气快速结合，氧化并放光发热的化学反应。草原火和草原火灾的定义不同，当失去人们的控制，经常烧毁草原，破坏草原生态系统平衡，危及人类的生命财产安全，对人类和草原存在有害影响时，即称为草原火灾。世界各地频繁发生的草原火灾发生原因极为复杂，具有一定的随机性和不确定性，因而也引起国内外各学科火灾科学研究者的重视。国内外学者从草原火的火行为、火生态、火险评价以及火模拟等方面进行开展研究。以下将草原火相关研究现状进行概述。

大多数学者将遥感与 GIS（地理信息系统）技术结合用于草原火研究，Verbesselt（2007）用 SPOT（System Probatoire d'Observation dela Terra，即地球观测系统）植被时间序列监测草本可燃物含水量的草原生态系统火险预测。Noy-Meir（2010）通过一些隔离实验提出火和放牧对群落具有明显的交互作用，对地中海草原结构和多样性产生了影响。Guo（2013）采用二元 Logistic 回归函数和蒙特卡罗方法建立了呼伦贝尔草原随机点火概率模型，可以估算出草地火灾着火概率的空间格局。Zhang 等（2017）利用 2001—2014 年 MODIS（中分辨率成像光谱仪）火数据，对内蒙古东部草原火灾事件进行核密度估计分析。Bian 等（2013）选择了数据收集和评估方法相结合的火灾风险评估变量预测草原火灾风险。Li（2018）利用 Himawari-8 卫星研究中蒙边境草原火灾动态监测。Yu（2020）通过野外试验建立了生长季牧草生物量与 NDVI（归一化植被指数）的回归方程，在草地类型燃烧试验的基础上估算碳排放。

我国草原火研究开始比较晚，刘桂香等（1999）对草原火灾从起因、特点、影响因素等方面进行了概述。张继权（2007）提出草原火灾风险这一概念和四因子理论，之后佟志军（2008）、刘兴朋等（2007）对草原火灾风险评价开展了相关研究。都瓦拉（2012）、周怀林（2016）、崔亮（2011）对内蒙古草原火灾监测预警以及火灾空间分布格局进行了研究。曲焙鹏（2010）利用 L3JRC 产品数据分析了蒙古高原草原过火迹地的时空变化，还讨论了草原火行为的影响因素。红英（2016）对积雪和草原火的空间分布做了相关分析，研究了积雪覆盖对草原火的影响。目前，我国草原火研究主要针对草原火灾风险、监测预警等，对草原火蔓延研究相对滞后。苏日古嘎（2020）基于静止气象卫星提取火烧迹地，利用元胞自动机模拟了草原火蔓延趋势。

2. 火蔓延模型的研究现状

火蔓延模型是基于热物理、燃烧学和实验理论为一体的火物理模型，能解决不同可燃物状况、大气条件和地形特征等情况下的火蔓延速度、火强度和蔓延方式等问题。近几十年来，草原火灾发生在全球的温带地区，产生了重大影响。为了解决这些问题，人们开发了许多不同的模型来预测草原火灾的蔓延速度，以便更好地了解火蔓延的行为和影响。Perry（1998）、Pastor 等（2003）和 Sullivan（2009）的研究总结和分类了最重要的火蔓延模型。

根据数学函数的性质，分为物理模型和半物理模型、统计模型和半统计模型。物理模型是由燃烧、传热和流体动力学定律衍生出来的，它试图模拟野外火灾的物理和化学过程。Weber（1991）从能量守恒方程的反应公式出发，指出单位时间内的焓变率等于能量通量加热量产生的空间变化，提出火的形状在二维上的解是椭圆的方程，来建立野火传播的物理模型。FIRETEC（1997）是美国洛斯阿拉莫斯国家实验室开发的基于质量、动量和能量守恒原理的耦合多相野外火灾模型。AIOLOS-F（1994）、Forbes（1997）和 WFDS（2007）的物理模型都已经得到了扩展和持续的发展，并且每一个模型都能够模拟景观尺度的野火行为。虽然物理模型得到了广泛的研究，但有两个主要缺点。首先，模型的许多输入数据不能在现场测量，因此模型的验证和数值模拟是非常困难的。其次，对复杂的化学物理过程认识不足，仍然限制着物理模型的发展。半物理模型一般从理论物理方程发展而来，通过实验室或现场的实验数据来完成，它只代表物理过程。Rothermel（1972）开发的半物理模型是预测火蔓延速率的常用模型之一。Albini（1985）提出了一个以火焰辐射热为主要传热机制的火焰扩散模型。他认为火是一个运动的等温线，它的运动受能量守恒定律支配，在不考虑化学动力学效应的情况下，对火焰的形状和火焰温度进行了估计。与物理模型相比，输入数据采集的难度在一定程度上有所降低。统计模型不涉及物理或化学机制，是统计类似从实验或历史上收集的实际火灾描述数据。加拿大森林火灾行为预测系统（CFBP）、澳大利亚的 McArthur 模型、CSIRO 草原火灾蔓延仪和我国的王正非模型都是利用实验数据对火蔓延特征和影响因子之间的关系进行统计分析建立的。半统计模型在物理框架的基础上，利用统计方法建立了模型方程。与经验模型不同的是，模型中嵌入了物理框架，使得模拟过程中火灾模型与外部因素之间的相互作用是可行的。Beer（1993）利用一系列风洞实验，研究了风和火蔓延的相互作用。发现了一个正规化的幂函数阈值，该值的选择与风速有关。Viegas（2002）提出了利用火灾周长的几何形状来确定火正向蔓延率。其他典型的统计模型还包括 Button 模型，CALM Mallee 模型和 Gorse 模型等。然而，由于依赖于给定地区火灾行为的统计数据，该模型仍然存在地理上的限制。

根据火的表征可以分为基于矢量的模型和基于栅格的模型。在基于矢量的模型中，火线被认为是连接顶点的闭合曲线，在火蔓延研究中为矢量实现。将 Richards（1990）提出的惠更斯波动原理应用于火焰周界的传播。其中每个顶点都被视为独立椭圆扩展的潜在源。Finney（1998）开发的 FARSITE 火区模拟器整合了现有的火灾行为模型，模拟了潜在的火灾蔓延形状。作为火灾前缘预测的软件工具，FARSITE 被广泛应用于许多研究中。为了预测实际的蔓延边界而不是燃烧区域前线，现有的基于矢量的模型还需要额外的反应模型。在基于栅格的模型中，火被视为网格中一组全局相邻的单元，在火蔓延研究中为栅格实现。研究人员为每个单元定义了几种状态，以便将火焰的传播转换为栅格网格中单元的连续状态转换。元胞自动机（CA）方法是目前应用最广泛的栅格实现方法之一。

3. 火蔓延计算机模拟的研究现状

草原火灾蔓延模拟就是将草原火灾背景数据（天气、可燃物、地形）、草地资源数据、防火信息数据进行处理，在计算机软件支持下模拟草原火灾蔓延场景，集成并展示指挥决策所需的草原火灾现场的各种信息。用计算机模拟草原火灾的发展，是直观显示火蔓延过程和扑救决策方案的前提，可以使决策者准确及时地把握草原火灾现场蔓延情况。

近 50 年来，许多科学家对森林草原火灾传播进行了研究，火灾的建模一直是研究的焦点，对其进行充分认识是成功模拟火灾的重要因素。计算机和地理信息系统的进步使传统的火蔓延模型成为现有草原火蔓延计算机模拟系统的核心。将数学理论基础嵌入火蔓延模型中并在计算机系统中实现，发展出很多计算机模拟算法，包括惠更斯波动理论、元胞自动机、渗透理论、分形理论、边界插值和迷宫算法等。

在国外，大多数火生态学研究者将此应用到火灾空间模拟上。Glasa（2008）提出了一种基于经典椭圆包络理论推导火灾实时蔓延模型的新方法。更好地解释所研究问题的内部一致性、模型的假设和局限性，并建议其进一步推广。Bilgili（2003）在土耳其不同天气和不同可燃物条件下进行了 25 次火烧实验，收集了火灾强度相关的定量数据，建立回归模型预测火灾行为。Philip（2006）以物理机理的火蔓延模型为基础，利用三维耦合大气-火模型进行草原火的数值模拟，模拟结果和野外实验结果一致。Jiang（2021）基于异构元胞自动机模型，以美国加利福尼亚州的一场火灾为例，将森林火灾模型和房屋火灾模型集成在一起，建立了大规模复杂的城市-荒地交界区火灾扩散模型。Lopes（2019）以消防站系统为基础，将半统计模型与 Navier-Stokes 相结合，利用风火双向耦合算法模拟火蔓延，其火灾大小和形状的预测与观测结果更接近。Hom Chaudhuri（2013）将基于蒙特卡罗遗传算法的模拟优化技术应用于森林火灾传播模型中，并证明这种技术在复杂的火灾条件中作出更有效的决策。Rui（2018）将元胞自动机与现有的森林火灾模型相结合，构建了一个改进的模型，以 2006 年 5 月大兴安岭森林火灾为例，与 TM（Thematic Mapper，专题测图仪）影像的真实火灾数据相比，对该模型进行了验证，该模型具有较高的时空一致性。

在国内的计算机模拟研究中，也运用 CA 模型和椭圆波动理论等算法对火蔓延情况进行了研究。黄华国（2005）、王长缨（2006）、李艳杰（2012）、陈喆等（2012）都是将元胞自动机理论应用到火蔓延模型中，在计算机算法中实现了不同地区的火蔓延模拟。苏柱金（2008）、庄娇艳（2007）、牛丽红等（2012）结合惠更斯波动原理，分别以不同的开发系统结合火蔓延模型对火灾蔓延进行了模拟。近几年，吴瑞旭（2018）利用元胞自动机融入 Rothermel 地表火蔓延模型制造了林火蔓延三维可视化系统。钱兰（2020）将集合卡曼滤波算法引入 FARSITE 火蔓延模型，对模型作了修正并分析了修正效果。唐勇（2020）作了多组不同环境因子的实验，提出了改进的火蔓延模型并做可视化验证。

综合上述研究进展，可以看出我国对草原火蔓延研究还有很多不足。首先我国多数的野火模拟研究都是针对森林火，草原火蔓延研究还很薄弱，尤其是草原火动态蔓延模拟研究方面。草原火具有蔓延速度快等不同于森林火灾的蔓延特征，因此用已有的森林火灾蔓延模型具有一定的局限性，同时由于气候条件的不同，模型模拟精度有待进一步验证。

三、研究内容与技术路线

1. 研究内容

本研究主要以向日葵 8 号卫星数据为基础，运用惠更斯原理，结合王正非火蔓延模型和时序线性外推法，对一定时间内火场蔓延边界进行预测。通过对草原火影响因子参数的改建，设计一套符合草原特殊地形的草原火蔓延模拟模型，动态模拟和预测草原火蔓延过程。主要研究内容如下。

（1）草原火蔓延影响因子处理与参数化

将复杂的外界因素简化处理，就地形因子、气象因子和可燃物因子等进行参数构建，进一步研究影响因子对草原火蔓延的影响，突出地区特色，在现有研究结果基础上，对参数进行改进，得到草原火蔓延速度所需要的输入参数，完成草原火蔓延模拟所需的基础环境信息构建。

（2）草原火蔓延时空动态模拟模型构建及验证

分析草原火蔓延规律和惠更斯原理，构建基于卫星遥感和王正非模型的草原火蔓延模拟模型，利用 IDL（交互式数据语言）代码进行数据计算并以 GIS 出图进行可视化展示。

（3）模型应用

对内蒙古自治区锡林郭勒盟东乌珠穆沁旗萨麦苏木"3·29"草原火进行火蔓延动态模拟，绘出外界条件因子影响下草原火的蔓延区域，进行精度检验误差分析，比较分析模拟结果与火场实际发展动态，探讨影响模拟精度的可能原因。

2. 技术路线

本研究从草原火的燃烧机理出发，通过阅读国内外文献总结火蔓延模型，并以此开展研究。通过收集并处理草原火影响因子的数据，利用惠更斯原理、王正非模型结合时间序列趋势外推法确定草原火蔓延时间步长，以此推出草原火蔓延动态模拟模型，并以葵花卫星火点监测产品为基础进行模型的精度验证和分析（图1-1）。

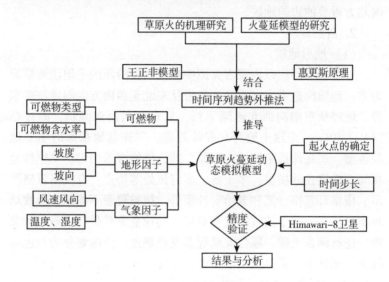

图1-1　技术路线

第二节　数据与方法

一、研究区概况

1. 地理位置

本研究的研究区选定在典型的草原区，地理位置介于北纬

44°42′~46°47′，东经 115°10′~120°07′，东西长 350km，南北宽
150km，北部 527.6km 长的边境线与蒙古国交界，西邻锡林郭勒
盟阿巴嘎旗，西南和南部与锡林浩特市、西乌珠穆沁旗及赤峰市
阿鲁科尔沁旗接壤，东南和东部与通辽市扎鲁特旗、兴安盟科尔
沁右翼中旗、科尔沁右翼前旗毗连。总面积 40 540km²，现设有
5 个镇、4 个苏木、61 个行政嘎查村和 1 个国营林场。它也是我
国北方重要的边防地区。

2. 自然环境

（1）地形地貌

东乌珠穆沁旗以内蒙古高原中部大兴安岭西的平坦洼地草原
为主，地质构造系大兴安岭突兀带从东北至西南方向斜贯该旗东
界。地势从东南向西北逐渐下行，从东北向西南倾斜，海拔在
744~1 506m。全旗土地为兴安岭西麓，二连盆地东岸的主要地
貌类型。东乌珠穆沁旗具有平原广阔，植物覆盖均匀，戈壁沙地
相间，山梁丘地横贯，多土丘，多背风处等特点。有横格日格沙
漠、横格日其格沙漠和老哈音沙漠等，植被覆盖不均匀，但牧草
种类多，多为宜于放牧的优良草场。乌拉盖戈壁是旗内最大的戈
壁，还有额吉戈壁、额仁戈壁等多戈壁峡地。土壤划分为灰色森
林土、黑钙土、栗钙土、沼泽土、草甸土和沙质土等 11 种类型。

（2）气候

东乌珠穆沁旗位于中纬度地带，属北温带大陆性气候。呈现
的特征是受蒙古高原大气压影响，冬春季寒冷持续期较长，多风
雪且气候多变；夏季受东南季风的影响，属半干旱地区，降水集
中于此；秋季气候凉爽且变化慢。气温呈现从东向西上升的整体
趋势，1 月平均温度为 -21.3~ -22.7℃，7 月平均温度为 19.8~
20.8℃，年温差为 42~42.4℃。雨季多在 6—8 月，年均降水量
在 256.3~326.7mm，降水量和温度正好相反，是从西向东上升。
多风天气较多，风速在 8 级以上的日数为 70d 左右，东部平均风

速高于西部且最大极端风速达到了 34m/s。在牧草生长期 4—9
月太阳辐射强烈，日照长达 9h，且年均日照时间在 2 975h 左右，
光合作用强有利于牧草生长。

（3）水文

东乌珠穆沁旗全旗水资源总量达到 11.01 亿 m³/a，地表水
资源量和地下水资源量分别是 3.25 亿 m³/a、8.98 亿 m³/a。包
括内蒙古高原最大的内流水系之一的乌拉盖河、舍野日吉河、那
林河、巴润萨麦河、阿日苏巴嘎河等 20 多条地表河流。湖泊主
要有以额吉淖尔盐湖作为母亲湖的 107 个湖泊。其中有道特淖
尔、哈希亚图淖尔、老哈音布日都等淡水湖 48 个，咸水湖 59
个，多数分布在东乌珠穆沁旗内的东部和南部，湖水储量不稳
定。现有 60 多眼泉源，泉水总量 360 万 m³。地下水可开采量
5.64 亿 m³/a，由低矮山地、丘陵地带岩隙水等构成。

（4）植被

东乌珠穆沁旗植被主要以草原为主，是锡林郭勒盟现存最好
最大的草原，天然草场面积达 7 100万亩（1 亩约为 667m²），可
利用草场面积占天然草场总面积的 95%。不同属地的草原有不
同的植物生存，草甸草原多分布在巴彦霍布尔苏木塔日根敖包、
吉仁宝力格、格日勒图嘎查以东，总面积 2 420万亩，植物长势
高为 40~60cm，覆盖率达到 50%~60%，主要植物包括羊草
［*Leymus chinensis*（Trin.）Tzvel］、克氏针茅（*Stipa krylovii*
Roshev.）、薹草（*Carex* spp.）等；典型草原包括羊草、针茅、
隐子草［*Cleistogenes squarrosa*（Trin.）Keng］、万年蒿（*Artemis-
ia sacrorum* Ledeb.）、锦鸡儿［*Caragana sinica*（Buchoz）Rehd.］
等类型，总面积 2 946万亩，植物长势高为 25~40cm，覆盖率达
到 25%~40%；还有以树丛为主的沙地草原，面积达 69.44 万
亩。此外还有覆盖率为 6.02% 的林木。

3. 社会经济

东乌珠穆沁旗是以畜牧业为主的纯牧业旗，2019年末全旗户籍总人口6.21万人。其中蒙古族人口4.64万人，占全旗人口的74.7%。全旗固定资产增长6.0%，分产业同比来看，第一产业增长51.15%，第二产业下降23.43%，第三产业增长51.02%。畜牧业是经济基础，2019年全旗大牲畜和羊存栏数依然居锡林郭勒盟全盟之首，总数为298.65万头（只）。从2020年锡林郭勒盟全旗统计数据同比来看，工业增加值下降5.8%；金融业上金融机构存款余额增长14.3%，贷款余额增长17.5%，城乡居民储蓄存款增长18.1%；社会消费品零售总额增长3.6%，消费总量增长平稳；全年口岸出口货物增长1.33%；教育事业稳步发展，科技队伍不断壮大，居民生活水平也不断提高。

4. 草原火发生情况

东乌珠穆沁草原地区同时也是锡林郭勒草原中火灾发生最频繁和境外火频繁入境区域。尤其春秋两季干旱、多风、日照强等气候原因，草原火灾频繁发生，乌珠穆沁草原是我国畜牧业生产发展的重要基地。草原区面积广大、人口稀少、草高、草厚，地面单位面积可燃物量多，这也使得乌珠穆沁草原成为内蒙古甚至我国草原火灾情况最为严重的地区之一。根据相关资料查阅，东乌珠穆沁旗近年来发生大火的次数非常频繁，2005年10月16日东乌珠穆沁草原火灾烧毁草场面积约1万hm^2，烧死羊200余只，投入救火的官兵达800多名，大火在翌日凌晨1：00才被扑灭。2010年5月16日下午，东乌珠穆沁旗萨麦苏木发生草原火灾，草原火灾燃烧3h，烧毁草场面积约1 800亩。2012年4月7日东乌珠穆沁旗发生一起特别重大草原火灾。经统计，受害草原面积7.6万hm^2，造成2人死亡，8人轻伤，210户牧户受灾，死亡牲畜近2万头（只），造成直接经济损失86 563万元。

二、数据来源

1. 气象数据

本研究所涉及的气象数据有风速、风向和温度等，这里根据草原火蔓延模拟预报情况选取 GRAPES-MESO（Global/Regional assimilation and prediction system mesoscale model）中国及周边区域数值预报产品作为数据来源，该数据是 GRAPES-MESO 区域集合预报业务系统产生的东亚区域模式预报产品。针对 GRAPES-MESO 系统的正确性、有效性，已经进行了一系列的标准测试和应用模拟试验，包括常规资料分析应用、雷达和卫星非常规资料直接分析应用试验。该系统已在国家级、区域级气象业务中心运行，在实际气象业务中发挥了重要应用。模式产品空间分辨率 10km，时间分辨率 3h。预报时效最高 72h，要素包括气压、位势高度、温度、假绝热位温/假相当位温、温度露点差（或亏值）、风的 u 分量、风的 v 分量、垂直速度（几何的）、相对湿度、降水量、水汽通量、水汽通量散度等。文件采用 grib2 格式，每天发 0 时次和 12 时次。

通过中国气象数据网（https：//data.cma.cn）获取 2016 年 3 月 29 日的温度、风的 u 分量和风的 v 分量作为本研究的气象数据。表 1-1 为本研究用到的气象要素数值预报产品的详细说明。

表 1-1 GRAPES-MESO 中国及周边区域数值预报产品部分要素说明

序号	要素代码	要素名称	要素单位	层次类型
1	TEM	温度	K	等压面
2	WIU	风的 u 分量	m/s	等压面
3	WIV	风的 v 分量	m/s	等压面
4	WIU	风的 u 分量（10m）	m/s	特定高度（10m）
5	WIV	风的 v 分量（10m）	m/s	特定高度（10m）
6	TEM	温度（2m）	K	地面或水面

2. 地形数据

目前地表描述主要采用数字高程模型（digital elevation model, DEM）进行表达，DEM 对地形的一种数字化模拟，到现在为止覆盖全球范围的成熟 DEM 产品主要有 Aster GDEM 数据（分辨率 30m）和 SRTM 数据（分辨率 90m）。本研究采用水平和垂直方向准确度都更高的 Aster GDEM 数据作为本研究的地形数据，该数据来源于地理空间数据云平台（http：//www.gscloud.cn）提供的 30m 分辨率 Aster GDEM 数据集。

3. 遥感数据

（1）火点监测数据

本研究采用的火点监测数据是 Himawari-8（向日葵 8 号，以下简称 H-8）数据，它是日本气象厅的地球同步气象卫星数据，于 2014 年 10 月 7 日发射，但正式可以下载使用的时间是 2015 年 7 月 7 日。H-8 是世界上第一颗可以拍摄彩色图像的静止气象卫星，以往的卫星每小时只能观测整个地球 1 次，H-8 的观测频率提高到了每小时观测 6 次。H-8 搭载的 AHI（advanced himawari imager）成像仪传感器波段范围覆盖了可见光到红外光，由表 1-2 可知，共有 16 个观测波段。其中前 3 个波段是可见光波段，分辨率最高为 500m。4～6 波段为近红外，7～16 波段为红外，波段分辨率为 2km。本研究需要用到的为 2、3、4、6、7、14 波段。其中火灾异常监测的主要为 7、14 波段，用以验证草原火蔓延模型模拟精度。

使用 H-8 全圆盘观测数据产品的详细信息可以在 JAXA 的 P-Tree 数据服务网（https：//www.eorc.jaxa.jp/ptree）找到，然后通过文件传输协议 FTP（file transfer protocol）下载 NetCDF 格式的数据。因为案例区所用到的数据日期为 2016 年 3 月 29 日，根据世界时间下载相对应的数据。

表 1-2　H-8 卫星 AHI 通道参数

波段	中心波长（μm）	分辨率（km）	特性用途
1	0.46	1	彩色合成云图像、海洋水色、植被覆盖、大气环境等
2	0.51	1	彩色合成云图像、海洋水色、植被覆盖、大气环境等
3	0.64	0.5	彩色合成云图像、陆地、云等
4	0.86	1	植被、气溶胶、海洋水色、植被覆盖等
5	1.6	2	云相判别、陆地、水、积雪等
6	2.3	2	云有效半径
7	3.9	2	地表温度、云顶温度、雾、自然火灾等
8	6.2	2	中上层水蒸气量、卷云、大气水汽等
9	7	2	中上层水蒸气量、卷云、大气水汽等
10	7.3	2	中下层水蒸气量、海洋水色、植被覆盖等
11	8.6	2	云相判别、海洋水色、植被覆盖等
12	9.6	2	臭氧量、大气水汽
13	10.4	2	云相判别、云顶情报、地面温度、云顶温度
14	11.2	2	云相判别、地面温度、云顶温度
15	12.3	2	云相判别、地面温度、云顶温度
16	13.3	2	云顶高度

（2）归一化植被指数数据

本研究采用的归一化差异植被指数（NDVI）数据从 NASA 网站（https：//ladsweb.modaps.eosdis.nasa.gov）下载的 MOD13A1，该产品是 16d 合成，空间分辨率为 500m 的数据。NDVI 对叶绿素含量更加敏感，更能反映植被长势信息。故根据研究需要，本研究选用 2016 年 3 月数据。数据轨道号为 h25v04，共三景数据。

（3）土地利用类型数据

本研究所用的土地利用数据来源于 MODIS Land Cover（MCD12Q1）土地覆盖数据集，在 USGU（https：//earthexplorer. usgs.gov）网站下载东乌珠穆沁旗 2016 年 3 月的数据，数据轨道号为 h25v04，共三景数据，空间分辨率为 500m，覆盖范围为全球。该数据是根据每年的 Terra 和 Aqua 卫星观测所得的数据经过处理，提取该年份土地覆盖的类型。该产品数据采用五种不同的土地覆盖分类方案，信息提取主要技术是监督决策树分类。其中国际地圈生物圈计划（IGBP）分类用途较广，产品具有较高的分类精度，本研究采用 IGBP 全球植被分类。分类方案如表 1-3 所示。

表 1-3　IGBP 全球植被分类

DN	IGBP 全球植被分类	DN	IGBP 全球植被分类
0	水	10	草地
1	常绿针叶林	11	永久湿地
2	常绿阔叶林	12	农用地
3	落叶针叶林	13	城市和建筑区
4	落叶阔叶林	14	农用地/自然植被拼接
5	混交林	15	雪和冰
6	稠密灌丛	16	稀疏植被
7	稀疏灌丛	254	未分类
8	木本热带稀树草原	255	背景值
9	热带稀树草原	—	—

注：DN 为 digital number，数字编号。

三、研究方法

1. 惠更斯原理

惠更斯原理（Huygens）是 17 世纪末由物理学家惠更斯提出

的用来描述光的传播的一个光学理论，定义为每一个光波的包络面都成为随后光波的波源。1982 年 Anderson 最早将惠更斯原理应用于草原火蔓延模拟，提出了简单椭圆模型。后来 Richards（1990）详细地阐述了惠更斯波动传播原理在火蔓延问题上的应用，推导出了描述火灾随时间传播的一阶非线性微分方程组。现已被用于各种形式的火蔓延模型，椭圆传播的模型在现有的火蔓延预测研究中起着关键作用。

惠更斯原理应用于草原火蔓延模型从理论上来讲的逻辑是，当草原火燃烧时类似光波一样是以椭圆形式向前蔓延，椭圆边界由一系列顶点形成且是独立的，每个点都被认为是新的火源，通过一定的时间步长后，火点继续蔓延形成新的椭圆，以此类推模拟蔓延边界，最后每个点形成的椭圆的外包络线就是草原火的过火区域。但是由于每场火的火源条件与火环境都不同，要根据其影响因子通过火蔓延速度模型计算得到蔓延的速度，蔓延的方向则根据当地的风速和坡度矢量合成得到。具体的原理解释如图 1-2 所示。

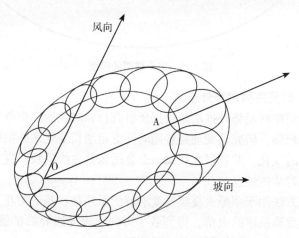

图 1-2 惠更斯原理应用于火蔓延的示意

对于每一个椭圆，一段周长是由一系列连接的节点定义的，这些节点是一系列新火的源头。每一次新火灾所使用的椭圆的几何形状是由火灾发生的条件、所选择的火蔓延模型和长宽比以及给定的传播周期 t 决定的。在简单的条件下，所有的椭圆都是相同的，并且传播方向是均匀的。其可能蔓延情况如图1-3所示。

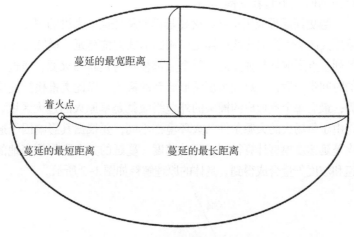

图1-3　每个椭圆的图解

2. 时间序列趋势外推法

时间序列趋势外推法是根据所研究目标对象的历史数据的时间变化规律，研究其变动趋势随时间恒定增长变化来外推研究对象未来的变化。并且以此找到一个合适函数曲线反映研究对象未来变化趋势的情况。

此方法用于草原火蔓延速度求解的思路是：基于葵花卫星连续两次观测反演的火情，得到各个方向上火场边界的扩展距离，进而计算该段时间间隔内的边界蔓延速度。

假设草原火蔓延初始时刻为 t_0（设 $t_0 = 0$），根据时间序列趋势外推法预测火点初始时刻蔓延到 t_1 时刻、蔓延到 t_2 时刻的火情，为了直观表达，在坐标系中用示意图表示，如图 1-4 所示，坐标原点为初始火点，则在某一方向 θ 上，t_0 到 t_1 时间段内火场边界的蔓延速度则为式（1-1）。同理，在该方向上，t_1 到 t_2 时间段内火场边界的蔓延速度为式（1-2）。依此类推，在 θ 方向上，t_{n-1} 到 t_n 时间段内火场边界的蔓延速度为式（1-3）。

$$v_{\theta, 1} = \frac{r_{\theta, 1} - r_{\theta, 0}}{t_1 - t_0} = \frac{r_{\theta, 1}}{t_1} \tag{1-1}$$

$$v_{\theta, 2} = \frac{r_{\theta, 2} - r_{\theta, 1}}{t_2 - t_1} \tag{1-2}$$

$$v_{\theta, n} = \frac{r_{\theta, n} - r_{\theta, n-1}}{t_n - t_{n-1}} \tag{1-3}$$

式中，θ 为火线方向与水平方向的夹角；r 为 t_i 时刻任意 θ 方向上火场边界与初始火点的距离（即矢径）。

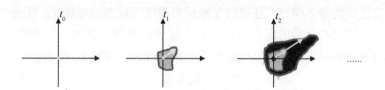

图 1-4　连续三个观测时刻的火场示意

得到这一时刻火蔓延速度后，即可预测在 θ 方向的当前时刻往后一定时间段内的火蔓延情况。对于既定 θ 方向，t_{n+1} 时刻的火场边界位置为式（1-4）。如图 1-5 展示了基于时间序列趋势外推法的火蔓延模拟预测的下一时刻火场边界结果示意图。

$$r_{\theta, n+1} = v_{\theta, n} \times (t_{n+1} - t_n) \tag{1-4}$$

3. 王正非火蔓延模型

王正非经过多次室内对可燃物进行燃烧试验，得到火无风条

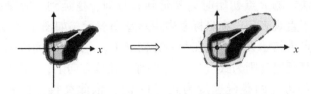

图1-5　模拟预测结果示意（浅色区域为预测边界）

件下初始的蔓延速度 R_0，再根据风速和火的蔓延速率关系得到的更正系数以及不同可燃物间隙度得到的可燃物更正系数，输入地面平均坡度的函数值测算得出的火蔓延速度模型为式（1-5）。

$$R = R_0 K_W K_S / \cos\varphi \qquad (1\text{-}5)$$

式中，R 为火蔓延速度；R_0 为初始的蔓延速度；K_W 为风速更正系数；K_S 为可燃物配置格局更正系数；$\cos\varphi$ 为地面平均坡度更正系数；φ 为坡度。

后来毛贤敏等（1991）在该模型基础上提出了地形和风的订正项的修正模型，还通过实地试验验证了模型的准确度。还考虑了风向和地形的组合形式，对火蔓延的上坡、下坡、左平坡、右平坡和风方向等的坡度影响因子做出改进，得到 K_φ 的值。

$$R = R_0 K_W K_S K_\varphi \qquad (1\text{-}6)$$

式中，各项参数的含义与式（1-5）中相同；K_φ 为地形坡度更正系数。

王正非模型和毛贤敏的修正模型都是根据大兴安岭地区的火场试验得出来的，说明其修正系数是适合于大兴安岭地区，当用于草原地区就需要对其影响因子的参数进行修正。

4. 精度评价方法

本研究建立的草原火蔓延模型精度评价将通过获取葵花卫星火情监测产品时序过火区，将其和模拟的过火区进行比较，从而对模型采用指标进行精度评价和分析。根据统计学方法，选了相对误差和均方根误差两个指标来验证草原火蔓延模拟模型的效果。

（1）相对误差

相对误差指标运用到本研究指的是模拟模型得到的模拟过火面积与监测产品过火区实际面积绝对误差和实际面积的比值乘以100%所得的数值，以百分数表示。相对误差的正负值不同表示的意义也不同，正值表示模拟过火面积大于实际过火面积，反之则相反。

（2）均方根误差

均方根误差指标运用到本研究中指的是分别在两个过火区边界选择样本点，对这同样位置两个点先做差，再求平方，然后做平均运算，最后做开方。其表征的含义是两个火场边界的拟合程度，所以用来评定该模拟过程的精度。均方根误差值越小，草原火蔓延模拟模型精度越高。

均方根误差的标准公式如下：

$$RMSE = \sqrt{\frac{\sum_{i-1}^{n}(A_i - B_i)^2}{n}} \qquad (1-7)$$

式中，A_i 为模拟样点；B_i 为实际样点；$A_i - B_i$ 为模拟过程的真误差。

第三节　草原火蔓延影响因子处理与参数化

草原火灾孕育、发生、发展、熄灭是草原火的一个完整过程，在草原火发生的这个阶段中，草原火行为受燃烧过程控制。根据燃烧理论，草原火的形成有三个方面的决定因素：火源条件、可燃物、火环境。在自然界中，火环境是客观存在的，因此火源条件和可燃物就成为草原火发展的决定条件，草原火的蔓延形态与当地的可燃物特征（温度、湿度、连续度、高度等）、地形起伏（阳面、阴面、上坡、下坡等）、气象条件（温度、相对湿度、风速、风向等）有关。本节根据燃烧理论的机理，围绕草原火的发展，对影响草原火蔓延的因素进行本地化处理。主要考虑气象因子、地形因子和可燃物因子对草原火发展的影响，大多数火蔓延研究学者都从这几个方面入手研究火可能蔓延的趋势。

一、气象因子的处理和参数构建

1. 气象要素对草原火蔓延的影响

具体来说，气温、大气湿度、风速和风向被认为对火灾蔓延有最直接的影响。有许多建模方法已经纳入了这些变量，如可燃物水分含量、火灾危险等级、火灾蔓延率和火灾强度的预测因子。相对湿度和温度会影响水蒸气交换过程，而这一过程最终决定了草原可燃物的水分含量。可燃物中的水分会吸收原本可以促进燃烧反应的热量，因此，水分含量较低的可燃物更容易燃烧，燃烧强度更大。总的来说，就是火通过低水分含量的可燃物传播得更快。风的影响也可能对蒸气交换过程产生影响，但这些通常不在建模工作中考虑，加拿大火灾天气指数系统是一个例外。风速和风向决定火势蔓延的主要因素是热、火焰和余烬的平流，以及与火焰倾斜相关的辐射预热的延伸。比如火在顺风时，风速的作用使火焰向未燃区倾斜，并且随风速的增大，倾斜程度不断增大，最终致使蔓延的区域更大。火在逆风时，风速的作用使火焰向已燃区倾斜。可见，风速的作用不仅改变了火焰区及邻近未燃区周围的气流结构，而且显著改变了火焰区向未燃区的热量运输状况，从而导致火蔓延速度更快。

本研究介绍并考虑了一种综合风速、风向和温度等信息来衡量草原火蔓延速度的公式。该研究体现了一种直观的概念，即随着风力强度的增加和可燃物水分的减少，火灾会传播得更快。

2. 气象数据的收集与处理

（1）风速风向数据处理

本研究考虑案例区实际火灾发生时间，下载了当天时间为
2016 年 3 月 29 日（世界时，UTC）的预报时效 3h、6h 的风的
u 分量和风的 v 分量数据。具体在数据选择里选 0 时次，预报
要素选取风的 u 向量、风的 v 向量，预报层次选择的是特定高
度（10m）的 NetCDF 格式数据。区域范围为北纬 44°42′~46°
47′，东经 115°10′~120°07′。首先将获取的 NetCDF 格式气象
数据需要转换为 TIFF 格式，经过 ArcGIS 的投影转换、裁剪、
波段提取等预处理，得到未来 3h、6h 的风的 u 向量和风的 v
向量。

草原火灾的蔓延方向主要受风向的影响。根据气象学上的风
向，通常我们可以用顺时针角度表示（图 1-6a），也就是把圆周
分成 360°，北风（N）是 0°（即 360°），东风（E）是 90°，南
风（S）是 180°，西风（W）是 270°，根据角度的其他风向都可

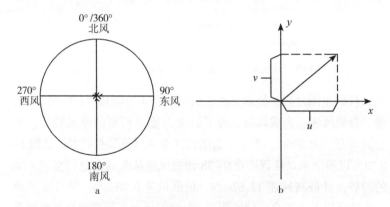

a. 用角度表示风向；b. 坐标化风向。

图 1-6　风向图

以计算出来。这里将预报数据的 u、v 分向量在平面坐标系中表示（图 1-6b），u 是东西风上的分量，西风为正。v 是南北风上的分量，南风为正。根据向量可以计算风向、风速。风速由 u、v 的和向量可求得，为了方便用 IDL 语言将风的 u、v 分向量转换为风速风向。该代码实现过程如图 1-7 所示。

```
function cal_wind_direction,u,v
dr=-999.0

if( u gt 0 and v gt 0)then begin
  dr=270-atan(v/u)*180/!PI;
endif else if (u lt 0 and v gt 0)then begin
  dr=90-atan(v/u)*180/!PI;
endif else if (u lt 0 and v lt 0)then begin
  dr=90-atan(v/u)*180/!PI;
endif else if (u gt 0 and v lt 0)then begin
  dr=270-atan(v/u)*180/!PI;
endif else if (u gq 0 and v tt 0)then begin
  dr=180;
endif else if (u gq 0 and v lt 0)then begin
  dr=0;
endif else if (u gt 0 and v eq 0)then begin
  dr=270;
endif else if (u gq 0 and v eq 0)then begin
  dr=90;
endif

return,dr

fs=Math.sqrt(Math.Pow(u,2)+Math.Pow(u,2));
end
```

图 1-7 风的 u、v 向量求风速、风向代码处理示意

代码出图之后，处理完的数据一共有 4 个波段，u 向量、v 向量、合成风速、合成风向。为了后续火蔓延模拟的参数输入，其分辨率都设为 500m。图 1-8 为研究区合成风速预报数据，从图 1-8 中可以看出东乌珠穆沁旗 0~3h 预报风速从东到西整体呈现下降的趋势，且最高风速 12.62m/s，最低风速 6.88m/s。从合成风速示意图可以看出东乌珠穆沁旗 3~6h 预报风速也是呈现自东向西下降的趋势，但是中部风速变小，最高风速低于上一个时段为 11.38m/s，最低风速 7.14m/s。为研究区合成风向预报数据，风向按照角度表示，通过 0~3h 预报风向和 3~6h 预报风向，可以看出风向在这两个时段有很大的变化，对火蔓延产生很大的影响。

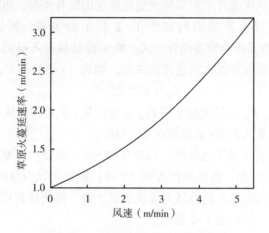

图 1-8　风速对草原火速度的影响

（2）温度数据处理

温度数据是和风速风向同样的方法获得的，就是在预报层次里选择的地面或水面，获得 2m 分辨率的温度预报数据。做和上述同样的数据预处理，得到当天从 0 时开始预报未来 3h、6h 的温度栅格图层。从东乌珠穆沁旗温度预报数据可知，在两个预报时间段内，温度较为恒定，都呈现自西南向东北逐渐降低的趋势。0~3h 预报温度最高为 273.45K，最低为 267.71K；3~6h 预报温度最高为 275.16K，最低为 268.49K。由于获取的数据时间是东乌珠穆沁旗 3 月末，结合当地实际温度可知，当时温度并不高，所以选择的预报温度符合实际。

3. 气象数据的参数构建结果

根据本研究草原火蔓延速度模型的风力更正系数将以上提取的风速和风向数据根据研究区实际情况做参数修正，得到适应草原区的风力系数值。在王正非火蔓延模型中，火的蔓延速率与实际风速相关，根据刘兴朋等（2015）在锡林郭勒盟草原区通过测定不同风速条件下的草原火蔓延速度的野外实验，得到风速对草原火蔓延速率的影响如图1-8所示的关系。根据毛贤敏（1991）对王正非模型拟合公式，将实验数据嵌入得到草原火风速修正系数与草原火的速度的关系，如式（1-8）所示。

$$K_W = e^{0.2015 v \cos(\varphi)} \qquad (1-8)$$

式中，K_W 为风速修正系数；v 为风速；φ 为预报风向与草原火蔓延速度的夹角；φ 取值在 $0° \sim 180°$。

根据我国《风力等级》（GB/T 28591—2012）国家标准，风力等级有13级，将风速代入式（1-8）推导出风力系数修正值，这里按照研究区用到的风力等级到第7级，据此得到相对应的风力系数修正值如表1-4所示。

表1-4　风力系数修正值

风级	0	1	2	3	4	5	6	7
风速范围（m/s）	0~0.2	0.3~1.5	1.6~3.3	3.4~5.4	5.5~7.9	8.0~10.7	10.8~13.8	13.9~17.1
K_W	1.0	1.2	1.8	2.6	4.2	6.5	9.0	13.0

上文获取并处理的分辨率为2m温度数据在草原火蔓延模型将栅格数据读入程序即可，不用做系数修正。

二、地形因子的处理和参数构建

1. 地形要素对草原火蔓延的影响

地形的不同，可以塑造不同的草原火环境，对植被的分布也起重要的影响作用。地表植被不同，地表的可燃物也不同，进而影响草原火灾的蔓延和发展。对火在蔓延过程中影响比较大的地形影响因子主要包括海拔高度、山脉走向、长度、坡向、坡度和起伏形状。在草原火蔓延模拟研究中，主要考虑坡度、坡向和海拔三个要素。海拔主要影响气温影响可燃物含水率的变化；坡度主要影响降水滞留时间带来可燃物含水率的变化，以及火焰倾斜角度对火头可燃物的预热；坡向主要通过接收太阳辐射的不同来影响可燃物含水率的变化。

2. 地形数据的收集与处理

本研究主要采用数字高程模型（DEM）数据获取东乌珠穆沁旗的数字化地表描述。利用研究区的 DEM 在 ArcMap 中的空间分析工具，采用表面分析提取东乌珠穆沁旗坡度坡向数据，并重分类显示得到坡度图和坡向图，用于草原火蔓延预测时获取案例火场坡向信息和坡度信息。

东乌珠穆沁旗海拔高度在 744~1 506m。由坡度特征图可知，东乌珠穆沁旗草原坡度整体较低，且多数分布在 0°~2.1°这个区间，自西向东来看，中间部分坡度较高。根据坡向划分标准，将东乌珠穆沁旗坡向划分八个方向。在实际的草原火燃烧过程中，海拔用于草原火蔓延的温度和湿度在景观范围内的空间分布；坡度用于计算草原火扩展的方向效应以及确定太阳辐射效率；坡向同坡度共同作用对蔓延模拟速度产生影响。

3. 地形数据的参数构建结果

本研究吸收了王正非的火蔓延速度模型并对地形坡度系数进行了改进。根据刘兴朋（2015）对锡林郭勒盟草原的野外实验测定不同坡度上的上坡火和下坡火速度得到的速度比率，得到坡度对草原火的增益速度 R_t（图 1-9），公式为：

$$R_t = e^{1.005\tan(\alpha)0.6696} \tag{1-9}$$

$$R_t = e^{0.4501\tan(\alpha)0.383} \tag{1-10}$$

式中，t 为坡度；α 为地形与草原火速度的夹角，取值在 0°~180°。

利用一元回归的方法得到坡度与影响因子 K_f 的线性回归模型公式为：

$$K_f = 0.0249\omega + 1 \qquad \omega \le 0 \qquad (1-11)$$

$$K_f = 0.6172e^{0.0805\omega} \qquad (\omega > 0) \qquad (1-12)$$

式中，K_f 为坡度修正系数；ω 为坡度。当 $\omega > 0$ 时，指的是上坡，$r^2 = 9879$；当 $\omega \le 0$ 指的是下坡或平坡，$r^2 = 9606$。

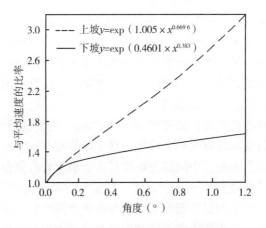

图 1-9　坡度对草原火速度的影响

基于以上公式计算东乌珠穆沁旗的地形坡度修正系数，由坡度图所得坡度最高为 67°，所以研究区地形本地化修正参数计算所得如表 1-5 所示。

表 1-5　地形坡度更正值（K_f）

坡度（°）	0	10	20	30	40	50	60	70
K_f（上坡）	1.20	1.60	2.10	2.90	4.10	6.20	10.10	12.50
K_f（下坡）	0.83	0.63	0.48	0.34	0.24	0.16	0.10	0.08

为了适应草原火蔓延模型模拟程序的应用需求，将东乌珠穆

沁旗 DEM 影像在 ArcGIS 里应用重采样，将栅格大小由 30m 分辨率转化为 500m 分辨率。

三、可燃物因子的处理和参数构建

1. 可燃物要素对草原火蔓延的影响

草原火燃烧的物质基础便是可燃物。草原上所有有机物质均属于可燃物，主要有地表植物和动物粪便（主要是家畜粪便）两大类，草地上的枯黄植物是草原火最重要的可燃物，是草原火燃烧的主体。草原可燃物的燃烧特性和可燃物特征有密切关系。影响草原可燃物燃烧特性的因素很多，主要有可燃物类型、可燃物量、可燃物含水率、可燃物密度等。在本研究的草原火蔓延模拟模型中主要用到以下几点。

可燃物类型是草原上的植物类型，不同的植物类型燃烧有不同的理化性质，对草原火蔓延的方向、时间等都有影响，在整个草原火行为过程中具有关键作用。

可燃物量指草原上所有能够燃烧的一切植物。可燃物量大，燃烧消耗的可燃物量就多，相应释放的热量也多，这样火前方可燃物获得预热的热量就多，有利于火的蔓延；单位面积可燃物量多，可燃物床连续性就好，有利于热量的传递，促进火蔓延。

可燃物含水率（FMC）是描述草原火的一个重要指标，它直接影响草原起火难度和传播速度。可燃物含水率不同，其易燃程度不同，其引燃需要的火源也存在差别，根据实验室燃烧实验结果，可以得到研究区草原可燃物含水率。超过一定含水率的可燃物对草原火灾具有阻燃作用。可燃物含水率变化规律的研究对预测草原火灾发生和控制其蔓延都具有重要意义。

2. 可燃物数据的收集与处理

（1）可燃物类型（草原类型）数据处理

草原类型数据采用 20 世纪 80 年代全国首次草地资源调查所

绘制的 1：100 万草地资源图，利用研究区进行裁剪、分类。得到草原类型图，可知东乌珠穆沁旗的草地类型有温性草甸草原类和温性典型草原类 2 个地带性草地类型，还有低地草甸类、温性山地草甸类和沼泽类 3 个非地带性草原类。按照亚类来分，东乌珠穆沁旗的草甸草原类还可分为平原丘陵、山地、沙地等三类；其典型草原类可分为平原丘陵、山地、沙地典型草原亚类三类；另外，非地带性草地类型主要有 5 个亚类，分为低湿地、盐化低地、沼泽化低地草甸亚类、低中山山地草甸亚类和沼泽亚类。后续草原火蔓延模型参数修正将按照此分类调整可燃物修正系数。

（2）可燃物量

研究区植被指数的可燃物量采用 MODIS-NDVI 16d 合成产品数据表征。下载时间为 2016 年 3 月下旬、4 月上旬的 MOD13A1，通过投影和坐标变换、图像拼接和重采样得到东乌珠穆沁旗可燃物量，东乌珠穆沁旗可燃物量呈现由西向东逐步递增的趋势，从草原类型来看，研究区东部为草甸草原，草地长势较好，有很多枯落物，致使由 NDVI 反演得来的可燃物量较高。西部属于典型草原过渡区，可燃物量分布较低。

（3）下垫面类型（土地覆盖类型）

东乌珠穆沁旗下垫面类型采用 MCD12Q1 数据，对其和 NDVI 数据做同样的预处理。根据土地覆盖数据的 IGBP 全球植被分类，裁剪得到研究区下垫面类型，可以看出，草地几乎覆盖了整个研究区，但是水体等使草原火无法蔓延，在下一节将对其做参数设置。

3. 可燃物数据的参数构建结果

王正非火蔓延模型提出的可燃物配置类型的牧场草原的 Ks 值为 2，本研究根据东乌珠穆沁旗草地类型，将玉山对内蒙古草原 70 多种植物燃烧实验得出的结果，根据易燃程度对东乌珠穆沁旗可燃物类型的系数更正值进行了修正，如表 1-6 所示。

表 1-6　可燃物类型更正值（*Ks*）

草地类型	草地类型亚类	主要建群种和优势种	可燃物更正系数
温性草甸草原类	平原丘陵草甸草原亚类	贝加尔针茅、线叶菊和脚臺草	1.6~1.8
	山地草甸草原亚类	具灌木的贝加尔针茅、羊草和线叶菊	1.6~1.8
	沙地草甸草原亚类	具灌木的差巴嘎蒿	1.6~1.8
温性典型草原类	平原丘陵草原亚类	克氏针茅、冷蒿、羊草和糙隐子草	2.2~2.8
	山地草原亚类	大针茅和克氏针茅	2.2~2.8
	沙地草原亚类	差巴嘎蒿、沙蒿、杂类草	2.2~2.8
低地草甸类	低湿地草甸亚类	芦苇、羊草、鹅绒委陵菜、杂类草、中生杂类草	2~2.2
	盐化低地草甸亚类	芨芨草等盐生植物	2~2.2
	沼泽化低地草甸亚类	芦苇、灰脉苔、湿生杂类草	2~2.2
温性山地草甸类	低中山山地草甸亚类	地榆和脚臺草	1~1.6
沼泽类	沼泽亚类型	芦苇	1~1.6

利用土地覆盖数据提取下垫面可燃物的主要类型，即与草原火蔓延速度有关的可燃物量。根据不同的植被覆盖度，K_t 更正值在不同可燃物类型下具有不同的取值。可燃物量不一样，也会影响草原火燃烧持续的时间。为了实现火场持续时间的定量化计算，考虑各种影响因子。在模拟程序中设定一个参数分界，根据可燃物量的值拟定一个参数。对于在植被覆盖率低的地区，NDVI 值受下垫面的影响较大，因此将 NDVI 平均值大于或等于 0.1 的像元作为分界线。火势无法蔓延到水体，则火场在水体像元上的持续时间为 0。根据下垫面类型的不同，K_t 的取值见表 1-7，火蔓延过水体时，火就灭了。当火蔓延过程中遇到非林地

草原等植被覆盖区或已无可燃物的过火区时，蔓延将在这些下垫面处受到阻挡。因此，草原火持续时间为火蔓延通过的时间。

表 1-7　下垫面类型更正值

下垫面类型	可燃物量	水体	草地
K_t	≥ 0.1	0	1
	<0.1	0	0.5

第四节　草原火蔓延时空动态模拟模型构建

草原火蔓延是一个多相，多组分可燃物在各种气象条件（温度、湿度、风向和风力）和地形影响下燃烧和运动的极其复杂的现象。

草原火蔓延模型以火头蔓延速度为核心参数，利用惠更斯原理确定火势蔓延方向，计算出一定时间内火蔓延的理想边界。以此为基础，再考虑火蔓延的不同路径方向上受地表可燃物类型，及坡度和坡向不同的影响而造成的蔓延速度的差异，对蔓延边界进行修正。最终实现对草原火蔓延边界的预测。以该思路为基础，建立了基于卫星遥感和地理信息技术的草原火蔓延速度模型。

一、草原火蔓延速度和方向的确定

1. 草原火蔓延速度

本研究对王正非火蔓延模型结合草原本地化特征加入了新的输入参数，并对影响因子做了修正，构建了基于惠更斯原理的草原火蔓延模型。模型中加入了草原火蔓延时刻更正值和下垫面类型更正值。

在实际的火灾发生中每场火虽然各不相同，但都是由火头、火翼和火尾3个部分组成。火头是在风向下顺风向前，是延伸最快的部分；火尾是与火头反方向逆风蔓延，是速度最慢的部分；火翼是与风垂直的蔓延部分，蔓延速度介于火头与火尾之间。

火头蔓延速度 V_1 为：

$$V_1 = V_0 \times K_w \times K_s \times K_f \times K_t \times K_m \qquad (1\text{-}13)$$

式中，V_1 为火头蔓延速度（m/min）；V_0 为蔓延初速度（m/min）；K_s 为可燃物类型更正值；K_w 为风力更正值；K_f 为地形坡度更正值；K_t 为下垫面类型更正值；K_m 为草原火蔓延时刻更正值。

初始蔓延速度是指火场的可燃物被引燃后开始燃烧的速度，即着火点的蔓延速度。其影响因子主要包括可燃物状况、风力、湿度和温度等，根据王正非室内无风条件下的实验测得初始蔓延速度公式为：

$$R_0 = 0.029\ 9T + 0.047W + 0.009(100 - h) - 0.304$$
$$(1\text{-}14)$$

卫星遥感监测到火点时，一般燃烧已达到一定的程度。此时火场的燃烧状况与燃烧条件有关，因而在蔓延初速度估算公式中，再考虑进卫星观测火点信息影响因子，即火点强度影响因子（F_{int}）。由此，V_0 的计算方法如式（1-15）所示。

$$V_0 = F_{int} \times [0.029\ 9T + 0.047W +$$
$$0.009(100 - h) - 0.304] \qquad (1\text{-}15)$$

式中，F_{int} 为火点强度，通过火点监测产品中提供的火点亚像元面积计算得到；T 为火场背景温度，通过天气数值预报产品得到；W 为火场风力，通过天气数值预报产品得到；h 为可燃物含水率，通过遥感卫星数据中获取的典型植被指数 NDVI 来表征得到。

2. 草原火蔓延理想边界

根据惠更斯原理，火初发阶段蔓延形状呈椭圆形，首先假设火场在连续均匀的可燃物和相同的地形上蔓延，计算获得一定时间内火蔓延的理想边界；然后，从初始火点向理想边界逐像元计算实际蔓延距离，获得复杂条件影响下的实际蔓延结果。

火场边界的确定可简单概括为：

（1）将火源选取为着火点，给定一个很短的时间，利用（着火初始速度）火蔓延速度公式计算草原火蔓延速度，从而确定初始火场的形状，一般为椭圆形。

（2）在初始的火场边界上，选取一些控制点，每个控制点作为一个火势蔓延的起始点。

（3）规定一个时间步长作为草原火蔓延的时间，通过火蔓延的速度模型计算出每个控制点的草原火的蔓延速度，从而可计算出在此时间后这些点形成的小椭圆。

（4）将这些椭圆的外包络线连接起来得出该段时间火势蔓延的边界。

火头蔓延速度是最核心的参数，根据它与火翼和火尾蔓延速度的关系，可以计算出火场边界理想位置。火头蔓延速度 V_1 可由式（1-13）得到。

根据多年的研究统计，火翼和火尾的蔓延速度与火头蔓延速度 V_1 间存在着经验关系，如表 1-8 所示。

表 1-8　火头与火翼、火尾蔓延速度关系

风力（级）	火头蔓延速度 V_1	火翼蔓延速度 V_2	火尾蔓延速度 V_3
0	V_1	V_1	V_1
1~2	V_1	$0.47\,V_1$	$0.05\,V_1$
3~4	V_1	$0.36\,V_1$	$0.04\,V_1$

（续表）

风力（级）	火头蔓延速度 V_1	火翼蔓延速度 V_2	火尾蔓延速度 V_3
5~6	V_1	0.27 V_1	0.03 V_1
7以上	V_1	0.18 V_1	0.02 V_1

据此，可在直角坐标系中描绘出火蔓延的理想边界（图1-10a）；同时根据风向，对该边界进行适当的坐标旋转，得到符合实际风场条件下的蔓延理想边界（图1-10b）。

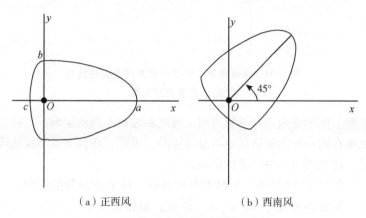

（a）正西风　　　　　　　（b）西南风

图1-10　火蔓延理想边界示意

3. 草原火蔓延实际边界修正

在火蔓延过程中，火头 H 蔓延速度 V_1 是最快的，而蔓延边界上任意一点 F 的蔓延速度 V 与 V_1 的比例关系（V/V_1）可近似为二者到初始火点 O 的距离之比，即：

$$V = V_1 \times (OF/OH) \tag{1-16}$$

据此，可以逐像元估算草原火沿任一方向蔓延到任一位置所需的时间。在给定的时间内，则能估算任一方向蔓延所能到达的

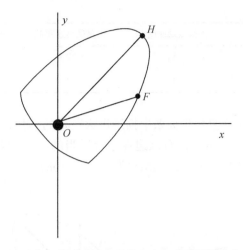

图 1-11　蔓延边界上任意一点 *F* 的蔓延速度与
火头 *H* 速度关系示意

位置。由于受地表可燃物类型、坡度和坡向不同的影响，实际上火场在同一方向的蔓延也不是等速的。因此，在预测火蔓延边界时，应该考虑这些因子的影响。

如图 1-12 所示，初始火点在 *O* 点，往 *F* 方向蔓延途中，分别与蔓延边界交于 *A*、*B*、*C*、*D* 点，根据图中 *F* 点坐标，可以求得 *OF* 与 *OX* 的夹角。同样可求出 *OA*、*AB*、*BC*、*CD* 的精确长度。利用式（1-16）中的任一方向蔓延速度与火头蔓延速度的关系，可较准确求出火蔓延经过 *OA*、*AB*、*BC*、*CD* 所需的时间。也就是可估算在不同可燃物、坡度和坡向下，草原火向各方向蔓延所能到达的位置。

如图 1-13 所示，浅色外圈为假设的均匀下垫面情况的火场理想蔓延边界，深色像元为修正后的实际蔓延估算范围，两者差异是由于各方向路径上下垫面类型和坡度向的差异，因而蔓延速度和距离有所不同。

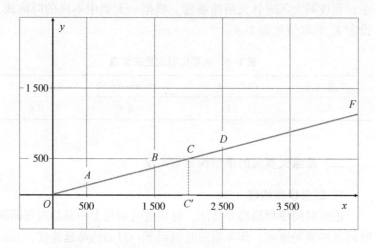

图1-12　火场逐像元蔓延过程示意（单位：m）

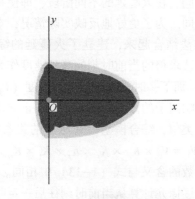

图1-13　火蔓延预测示意

　　本研究的草原火蔓延模型中再加入火蔓延时刻更正值（K_m），由于火蔓延受气象因子的影响较大，夜间低温，清晨湿度增大都会降低火场的蔓延速度，因此需要在蔓延估算中考虑火蔓延时在一天当中的时间，但当风力很大时，时间的影响将很小，而夜间大风时林火迅速蔓延。根据一天当中不同的时间段，设定 K_m 的取值见表1-9。

表1-9 火蔓延时刻更正值表

当地时间	10：00—20：00	20：00—24：00	0：00—10：00
K_m	1	0.8	0.6

二、草原火蔓延的模型构建与实现

1. 综合模型构建

根据时间序列趋势外推法，将当前时刻与上一观测时刻间隔时间段的蔓延速度，作为当前时刻到下一时刻的蔓延速度，并对蔓延边界进行预测。然而现实情况下，由于地表类型、下垫面类型、地形等的不同，在火蔓延的不同阶段，即使在同一方向上蔓延速度也不尽相同。为了更好地反映实际情况，本算法将王正非模型与时序外推法结合起来，建立了火蔓延的综合模型。具体的，将时序外推法求得的当前时刻的蔓延速度作为下一时段的蔓延初速度（V_0）；而下一时段的蔓延实际速度（V_1）则以 V_0 为基础，进行各项影响因子的修正后得到。与王正非模型中计算火头蔓延速度的方法类似，综合模型中 V 与 V_0 的关系为：

$$V_1 = V_0 \times K_w \times K_s \times K_f \times K_t \times K_m \qquad (1-17)$$

式中各项参数的含义与式（1-13）中相同。得到 V_1 后，即可在各个方向上逐像元计算从当前时刻往后一定时间段内火场边界的位置，以及火场在每个像元上的燃烧时间。

2. 动态预测草原火蔓延

时序外推法要求计算相邻两次监测时间段内，各个方向上的火蔓延速度。因此，需要确定在每个监测时刻各方向火场边界所处的位置。这里根据惠更斯原理来确定边界。首先，以初始火点为原点

建立直角坐标系 XY，X 为正东方向，Y 为正北方向；然后利用初始火点和当前时刻其他所有火点的经纬度，结合目标分辨率，将所有火点位置坐标化 (x, y)。坐标化方法由式（1-18）给出。

$$x_p = \frac{Lon_p - Lon_o}{Res} \qquad y_p = \frac{Lat_o - Lat_p}{Res} \qquad (1-18)$$

式中，x_p，y_p 为火点 P 的坐标位置；Lon_p 和 Lat_p 分别为 P 点的实际经纬度；Res 为目标分辨率（葵花卫星火点监测产品分辨率 2km）。坐标化完成后，即可计算火场边界位置。

本算法中，某一方向 θ 上的边界位置用该方向上的火场边界点与初始火点的距离 r_θ 来表示。首先，利用式（1-18）和式（1-19）将坐标系 XY（图 1-14a）旋转 θ 角度得到 $X'Y'$ 系（图 1-14a），则所有火点在 $x'y'$ 系下的坐标变换为 (x', y')；然后只需找到 $y' = 0$ 时最大的非负 x' 值，即可确定 r_θ 的取值，如式（1-20）所示。

$$x' = \cos\theta \cdot x + \sin\theta \cdot y \qquad (1-19)$$

$$y' = -\sin\theta \cdot x + \cos\theta \cdot y \qquad (1-20)$$

$$r_\theta = \max\{x' \mid y' = 0 \,\&\, x' \geqslant 0\} \qquad (1-21)$$

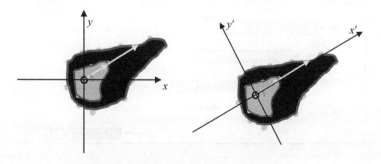

图 1-14　通过坐标旋转计算火场边界位置

得到各方向在相邻两个监测时刻的火场边界后，即可按照综合模型对当前时刻往后一定时间段内的火蔓延进行预测。假如初始火点时间为3：00时的火点，时间节点取当前时刻，时间步长为10min，则各方向上3：00—3：10的10min内的蔓延速度可由上述方法获得，进而可以对未来一定时段（如10min，3：00—3：10）内的火蔓延进行预测，即求得各方向上火场边界在给定时刻的位置。

同时为了能够更好地利用静止卫星多时相的特点，本算法采用动态预测模型，对火蔓延预测结果进行实时的更新和修正，以避免误差积累，得到更为可靠的预测结果。具体来说，当新的火点监测数据产生后，利用最近两次（最新和上一监测时刻）的火情数据更新各个方向上的蔓延速度，再次利用综合模型对往后一定时间段内的火蔓延进行预测，从而更新预测数据库。对于上述例子而言，当3：00时的火点监测数据产生后，重新计算各个方向在3：00—3：10时间段内的速度，并用综合模型对3：10—3：20时间段内的火蔓延进行预测；当3：20的监测数据产生后，则再次更新3：20—3：30时间段内的蔓延速度，从而再次更新3：30—3：40时间段内的预测结果；以此循环。示意图如图1-15所示。

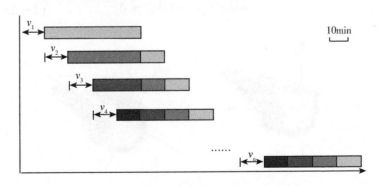

图1-15　动态预测火蔓延示意

3. 模型实现

根据以上建立的草原火蔓延模型并通过程序计算，得出每处火场的蔓延速度和经过每个像元的时间步长，获取了着火点向外蔓延的火场范围，该过程可以进行动态模拟，从而实现草原火动态蔓延的可视化。

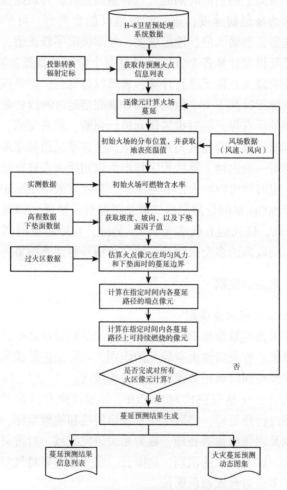

图1-16 草原火蔓延计算机模拟流程

具体的模拟实现流程见图 1-16，该模拟程序以葵花卫星火点监测产品为基础，获取待预测火点信息列表。利用惠更斯原理得出每个方向上火蔓延边界，根据火点监测产品的时间序列数据计算每个方向上的当前时刻的火边界蔓延速度，并以此作为下一时间段内的蔓延初速度；进一步根据可燃物类型、可燃物含水率，下垫面类型输入值、地形坡度、地形坡向等修正值，结合王正非火蔓延模型计算各个方向上经过每个像元的蔓延实际速度，对该时间阶段火点像元进行计算，若可以蔓延到，则将该点标记为火场点继续计算下一个像元。当计算完指定时间内各蔓延路径上可燃烧的所有像元，对火区像元进行判断，若未完成，返到程序最初继续计算，若完成则判断完毕，生成蔓延预测结果。

针对每一处火情，算法程序将产生以初始火点被监测到的时刻向后一定时间段内的火情蔓延结果。蔓延结果每 10min 更新一次，将以 500m 空间分辨率的二值化图像形式呈现（即像元值为 1 代表有火，像元值 0 代表无火）。另外，程序将按时间顺序叠合预测时间段内的多个火情图，形成火情蔓延动态图集。

三、火点的提取

1. H-8 卫星火点提取

草原火火点数据是草原火行为研究的基础数据之一，要进行计算机模拟，首先需要火点像元的识别，与周围正常像元比较进行筛选以及与同时期正常像元比较进行筛选。

下载的 H-8 数据格式为 NetCDF，需要转换为 tif 格式，对该原始数据进行预处理，将数据格式投影转换和地理坐标，通道数据定标以及图像增强等处理，裁剪相关研究区域，对裁剪区域进行云、水、冰雪像元的识别，剔除云、水、冰雪等对气溶胶的影响。生成多通道合成彩色影像。

火点识别主要是采用阈值模型法、亮温结合归一化植被指数法和邻近像元法，根据火点在中红外波段引起辐射率和亮温急剧增大的特点，将中红外亮温与周围背景亮温差异，以及中红外与远红外亮温增量差异，作为火点识别的主要参数。同时，由于中红外波段太阳辐射反射与地面常温放射辐射较为接近，在判识时序考虑消除太阳反射在植被较少地带和云表面的干扰。

本研究根据自适应阈值火点监测算法来提取草原火案例区火点，符合判识火点的阈值条件的则认为该点是火点；符合判识非火点的阈值条件则认为是非火点。火点识别的步骤如下。

一是使用 5×5 像元的内核计算平均亮度温度，T_{b7bg} = 平均值（T_{b7}），5×5 像元无云像元的内核如果低于 20%，将逐步扩大到 7×7 像元，9×9 像元，…，51×51 像元。如果仍然无法达到无云像元小于 20% 的标准，则不计算该像元，并将其标记为非火点像元。在此之前，这种计算将需要识别和移除云，水体和高温可疑的火像元。识别高温可疑像元的条件如下式所定义：

$$T_{b7} > T_{th} \ or \ T_{b7} > T_{b7bg} + \Delta T_{b7bg} \tag{1-22}$$

式中，T_{b7} 为第七波段的亮温值；T_{th} 为该波段的亮温阈值。默认情况下，可以使用内核中所有像元的平均值和相应的两倍标准差之和。T_{b7bg} 代表内核中相同土地利用的 7 波段平均亮温。ΔT_{b7bg} 为可疑火像元与背景亮温之差，可表示为同土地利用类型像元标准差的 2.5 倍。

二是为了确认火点像元，如果像元满足式（1-23）的条件，则将像元初始识别为火点像元。

$$T_{b7} > T_{b7bg} + a \times \delta T_{b7bg} \tag{1-23}$$

式中，δT_{b7bg} 表示内核中第七波段亮温的标准差；a 是背景系数，随着地区和时间的不同而变化，这里对于研究区草原地区为北方草原区，设为 3。

三是利用近红外 b4 波段和可见光 b3 波段对疑似火点进行二次审查，式（1-24）判断 F 是否为潜在火点，式（1-25）判断

F_p 是否为火点。

$$F = T_{b7} > T_{b7bg} + T \qquad (1-24)$$

$$F_P = T_{b7} < T_{b7bg} + T \qquad (1-25)$$

式中，T 为火点二次识别后可用的火点可靠阈值，可表示为同类型土地利用的所有像元点在内核中的标准差的3倍。

采用7、4、3波段通过RGB颜色合成对火点进行目视判读，通过提取亮红色像元识别燃烧的火点。最后，同时满足式（1-24）、式（1-25）、式（1-26）三个要求的像元将被定义为燃烧的火点，条件如下。

$$火点 = \frac{F}{F_P \cap V_i} \qquad (1-26)$$

式中，F 为潜在火点；F_P 为是否是火点；V_i 为目视判读监测到的燃烧火点。

2. 获取火点监测产品时间序列数据

火蔓延算法是以已有的H-8火情监测产品为基础。火情监测产品以所有标记为未熄灭火区的火情信息列表形式展现，同一火场的不同时次的监测产品用不同的火区编号进行标记，因此，首先收集各个未熄灭火场的时间序列数据。相关参数包括监测到的火点发生时间、火区编号、火点编号及其经纬度位置。从H-8所有未熄灭火区的火点监测产品信息列表中。读取第一个火区编号数据，和余下所有火区数据依次判别是否为同一火场，如果是，则合并火区后与下一条数据做判断，如果否，则直接与下一条数据做判断，直至判识结束。假设有1、2、3、…、9、10十个火区，取出1号火区，分别与2、…、10号火区进行判别是否为同一火场，如果与4号火区为同一火场，则合并后再与5号火区进行判别，直至判识结束，然后将剩余的火区数据继续进行上述重复操作，完成收集各火场时间序列数据。如下为火点监测的流程图（图1-17）。

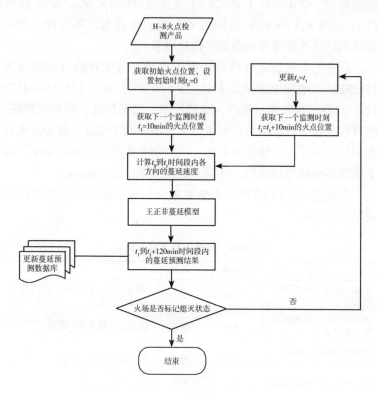

图 1-17　火点监测的流程图

第五节　模型应用

一、模型输入参数

本研究以萨麦苏木"3·29"火灾案例进行草原火蔓延模拟，对建立的模型进行实例验证。根据新华社 2016 年 3 月 30 日报道可知，2016 年 3 月 29 日发生了草原大火，按世界时（UTC）为 3 月 29 日早 3：10 左右，着火地点为东乌珠穆沁旗萨麦苏木巴彦毛都嘎查和陶森宝拉格嘎查。

萨麦苏木地处东乌珠穆沁旗中北部，与蒙古国边境线长为 122.8km^2，地理位置在北纬 45°45′~46°23′，东经 116°15′~117°12′，自西向东有霍尔其格、满都拉图、巴彦敖包、陶森宝拉格、塔日根敖包、巴彦霍布尔和吉仁宝拉格等七个嘎查。整个苏木总面积 7 742km^2，草场多为平地，可利用面积达到 5 298.7km^2，属于我国典型的草甸草原。气候干燥，年降水量 250mm。

本次以 29 日的草原大火作为案例，算法输入的辅助数据如表 1-10 所示。

表 1-10　火蔓延算法输入数据

名称	文件格式	周期	描述
Himawari-8 火情监测产品	TXT	10min	提供火点监测结果，火点位置由经纬度表达
MODIS 500m 分辨率地表覆盖类型产品	HDF	静态	提供地表覆盖类型数据
MODIS 500m 分辨率 NDVI 产品	TIFF	静态	提供植被覆盖度数据
数字高程模型 DEM 数据	TIFF	静态	提供地表高程数据
气象数据 GRAPES-MESO	GRIB	3h	提供风速、风向数据

输入火蔓延模型的主要参数是来源于不同卫星的遥感产品。除主要的火点监测产品外，还有如地表类型、可燃物类型、高程数据等。它们的空间分辨率都不同，主要有 30m、90m、500m 和 2 000m 等。在程序实现过程中，蔓延预测计算采用 0.005°×0.005°，即约 500m 的像元分辨率。火蔓延计算较为复杂，为了降低计算难度，投影方式采用等经纬度投影。因此，需先将各项辅助数据重采样到 0.005°×0.005° 的目标分辨率上。

根据上述模型的实现步骤，进行计算机仿真，本模型采用IDL 作为编码语言。首先将输入数据读入模拟系统，根据参数构建结果对输入数据进行参数修正，按照建立的模型进行模拟。然后，采用动态可视化方法对火灾现场的信息进行了仿真。

二、模型输出结果

1. 模拟结果实现

草原火蔓延程序最终输出文件是 NetCDF 格式的火场空间分布栅格图。对应于每一个观测时刻，将会产生一个以该时刻命名的目录，每个目录内包含多个 NetCDF 文件，每个文件对应于当前时刻往后一段时间内的某一被预测时刻。在每一个 NetCDF 文件中包含三个变量，即经度（Longitude）、纬度（Latitude）、火场范围（Fire_Area）。值为 1 表示像元为火点像元，值为 0 表示该像元为非火点像元。

草原火灾蔓延的基本特征，火势在 3:50—4:00 的时间段开始变大，在 4:10—4:20 还有一个突变，4:40 以后火势缓慢增加。

2. 火势增长分析

由模拟结果得出的面积、周长随时间变化的曲线如图 1-18 所示。结果显示，面积随时间的变化呈指数增长，周长随时间的变化呈对数增长。

如图 1-18 所示，从模型模拟的燃烧面积和实际过火区面积都线性增加，在 4:30—4:40 两者的燃烧面积快速增加，然后缓慢增加，直到大约 5:00 时间段，实际过火区燃烧面积减少，而模拟燃烧面积还在增加。这段差异考虑是当时可能被扑灭等原因。

图 1-19 显示了模拟开始后 160min 内的草原火蔓延边界周长变化。对比两条过火区周长折线，发现模型模拟的火周长在时间

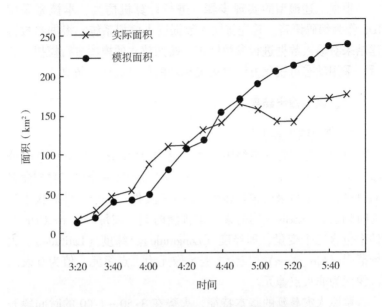

图1-18　实际面积和模拟面积随时间变化趋势对比

序列上的增势几乎和实际过火区相同。而且在周长的趋势曲线上出现了两个峰值，分别在4：10和4：30，证明此时草原火的蔓延出现了突变。

三、模拟精度分析

1. 精度评价指标

本研究使用了两个指标来评价基于惠更斯原理和时序外推法的王正非蔓延模型在草原火蔓延中的运行效率以及结果精度，分别是调整后的草原火蔓延范围面积相对误差和蔓延边界均方根误差。

（1）草原火蔓延范围面积相对误差

从监测到初始火点开始的一定时间段内，火蔓延范围的面积可由蔓延边界包含在内的像元面积相加而得。若本模型模拟得到

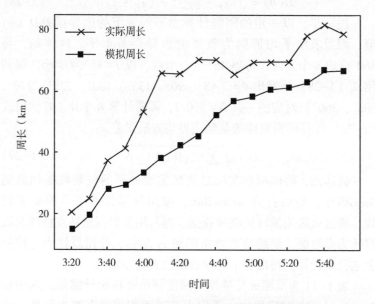

图 1-19　实际周长和模拟周长随时间变化趋势对比

的草原火面积为 S，基于葵花卫星数据得到的过火面积为 S^*，则蔓延范围面积的相对误差 Bias_s 由式（1-27）计算得到。Bias_s 越小，蔓延预测结果越精确，反之亦然。

$$\text{Bias}_s = (S - S^*)/S^* \tag{1-27}$$

（2）草原火蔓延边界均方根误差

取模拟结果的火情发生后某一时刻火蔓延边界上的任意一点 F，设 F 点的坐标为 (x_F, y_F)，初始火点 O 与 F 来的连线 OF 与 X 轴夹角为 θ；然后在实际火蔓延过火线同一初始火点的数据中，在蔓延边界上找到一点 F^*，使得 OF^* 与 X 轴夹角也为 θ，得到 F^* 的坐标 (x_F^*, y_F^*)，则改 θ 角上的边界误差由式（5-2）计算得到：

$$D(\theta) = \sqrt{(x_F - y_F^*)^2 + (x_F - y_F^*)^2} \qquad (1-28)$$

进一步，以一定的间隔计算出不同 θ 下的边界误差 D (θ) 值，而后求出平均值则为整体的边界误差水平。具体的，将 360°分成 8 个方向，每隔 45°选一个点，以 $I=45°$ 为步长，则利用式（1-28）计算出 $\theta=$ ［45°，90°，135°，180°，225°，270°，305°，360°］对应的一共 $N=360/I$，需要计算 8 个 D (θ)，由式（1-29）计算得到整体的蔓延边界均方根误差。

$$D = \sqrt{\sum_{i=1}^{N} D(\theta_i)^2 / N} \qquad (1-29)$$

具体的，将模拟和实际过火区需要处理的矢量数据加载到 ArcGIS 中，然后打开 Arctoolbox，使用数据管理工具的要素转线，将过火区矢量转换成线数据。再利用要素折点转点将线状数据转为点数据，继续给点数据添加 xy 坐标，导出属性表。按照上述公式计算，得出各个时段蔓延边界均方根值。

表 1-11 为草原火蔓延模型精度评价指标统计结果。其中在 3：10—4：30 时间段内，草原火蔓延面积相对误差为负值，说明模拟过火面积小于实际过火面积。在 4：40—5：50 时间段内，草原火蔓延模拟过火面积大于实际过火面积。将火情蔓延预测精度平均统计结果制成线状图，通过图 1-20 可知，在 3：40、4：30、4：40 的时间段内蔓延面积相对误差较低，证明这个时间段模拟效果比较好。同样的，在火蔓延边界均方根误差可以变化图得知，同样的时间段模拟精度也更高。整体模拟精度按时间段呈现从高到低的变化，其影响的主要原因可能没有考虑草原火在传播方向上受到人为扑救的影响。

表 1-11　火情蔓延预测精度平均统计结果

模拟时段（UTC）	Bias$_S$（%）	D	相对误差正负向
3：00—3：10	0.00	0.00	
3：10—3：20	0.78	1.02	-

（续表）

模拟时段（UTC）	$Bias_S$（%）	D	相对误差正负向
3:20—3:30	2.92	1.52	−
3:30—3:40	1.17	1.16	−
3:40—3:50	2.04	2.06	−
3:50—4:00	4.28	2.68	−
4:00—4:10	2.64	3.94	−
4:10—4:20	2.71	3.97	−
4:20—4:30	0.92	2.81	−
4:30—4:40	0.83	3.04	+
4:40—4:50	3.00	4.58	+
4:50—5:00	1.98	2.46	+
5:00—5:10	4.55	5.66	+
5:10—5:20	5.21	6.32	+
5:20—5:30	2.94	6.14	+
5:30—5:40	3.93	7.12	+
5:40—5:50	3.65	6.98	+

2. 结果对比分析

本研究在假定草原火灾无人扑救情况下，模拟了草原火灾发生到草原火灾熄灭几个小时内的草原火灾蔓延情况，将整个模拟时间段与过火迹地的像元对比，对于整个模拟时段 3:20—5:50，将其求交集得到重叠面积，交集取反求得误报面积、漏报面积。通过计算可得模拟过火区面积为 190.21km²，实际过火区面积 159.95km²，重叠面积 149.3km²，误报面积 40.9km²，漏报面积 10.6km²。总体精度达到了 84%，模拟结果较为理想。

本次草原火灾自西北向东南扩散，模拟结果的蔓延方向和实际的蔓延方向一致，根据实际火灾燃烧范围过火线可以看到，模型模拟的草原火燃烧范围和实际燃烧范围边界线几乎重合。在整个模拟时段 3:20—5:50 草原火灾蔓延的基本特征和实际的相符。

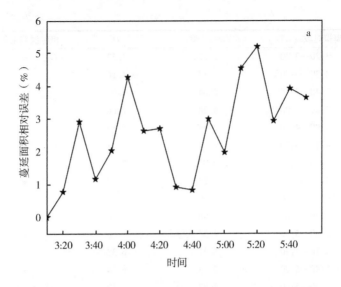

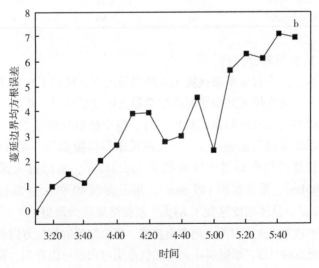

图1-20 评价指标随模拟时段变化

第六节　结论与展望

一、结论

本研究参阅了大量国内外火蔓延相关文献后总结了火蔓延模型的分类，以东乌珠穆沁草原为研究区，从草原火的影响因子出发，使用 GRAPES-MESO 中国及周边区域数值预报产品的气象数据、地形数据、火点监测产品 Himawari－8 卫星数据、MODIS NDVI 数据以及 MODIS Land Cover 数据，根据惠更斯原理确定草原火蔓延边界，结合时间序列趋势外推法和王正非火蔓延模型建立了基于卫星遥感的草原火蔓延动态模拟模型。将模型应用在实际案例中，通过对草原火蔓延模型进行精度评价和对比分析，误差在可接受范围内，达到了预期效果，满足了实时高效模拟草原火灾蔓延的要求，最终得出以下结论。

（1）综合考虑草原火发生和发展的状况，分析其影响因子并选出影响草原火蔓延的决定因素。在气象因子方面，利用气象预报产品获取了案例区草原火发生时间段的东乌珠穆沁旗的风速风向、温度数据，并对风速做了参数修正，得到草原火蔓延模型的参数修正系数 K_W 的取值。在地形因子方面，利用地形数据提取了东乌珠穆沁旗坡度坡向值，并根据地形对草原火蔓延速度的增益作用对地形的上下坡度参数进行修正，得到坡度修正系数 K_φ 的取值。在可燃物因子方面，选取可燃物类型和可燃物量作为模型参数修正的相关参数，得出可燃物类型更正值。

（2）火情蔓延算法采用物理-统计综合模型进行草原火蔓延预测。对前人的火蔓延模型中加入了草原火蔓延时刻更正值和下垫面类型更正值，将惠更斯原理应用在修正火蔓延的边界上，确定蔓延形状，利用 Himawari－8 火点监测产品 10min 时间分辨率的特点，采用时间序列趋势外推法获得下一时段各个方向火蔓延的初速度，而后采用王正非火蔓延物理模型，利用风场、地形、下垫面类型、可燃物类型等因子进行各方向蔓延速度的预测，进而产生一定时间段内固定时间间隔的火情蔓延二值化图像。草原火蔓延图像按照时间序列叠合后，最终产生火情蔓延动态图集。

（3）初步的算法验证仍利用葵花卫星过火迹地作为参考数据，将模型应用到东乌珠穆沁旗萨麦苏木的一场历史上发生的草原火进行验证，比较相应时刻火情预测与卫星监测结果，得出整场火发生模拟过火区面积为 190.21km^2，实际过火区面积 159.95km^2，重叠面积 149.3km^2，误报面积 40.9km^2，漏报面积 10.6km^2，总体精度 84%，所以此方法存在一定可信度。并且根据统计学方法，选了相对误差和均方根误差两个指标对草原火蔓延模拟模型进行了精度评价。案例区火情的蔓延面积相对误差整体上基本是呈现随预测时长增加而增大的趋势，平均火蔓延边界均方根误差也随预测时长递增，针对萨麦苏木"3·29"火情蔓延预测精度检验结果与实际过火区结果类似。

本研究的草原火蔓延的预测模型探讨且充分考虑草原火蔓延的因素如坡度、坡向、植被分布、风向和风场影响草原火燃烧蔓延的更正值，使用修正后的王正非火蔓延模型和惠更斯原理结合的算法来模拟草原火灾蔓延的复杂现象，并提高了模型的模拟精度。使用 IDL 编程语言系统平台，以 GIS 空间分析技术将各时段草原火蔓延图像进行可视化展示，得到了较好的可视化结果。能够实时、动态、逼真地模拟甚至预测草原火蔓延趋势。

二、研究特色与创新

本研究建立草原火蔓延模型的目的在于为预测草原火的蔓延趋势并为防火部门提供技术支持，以便有效地控制草原火灾和减少火灾的损失。

在模型中运用 GRAPES-MESO 中国及周边区域数值预报产品作为草原火蔓延模型的气象数据，使模拟模型能够动态预测从某一时刻起接下来 3h、6h、9h、12h 的草原火蔓延的趋势，经检验，模拟精度效果很好，说明气象预报数据用于模拟草原火蔓延是可行的，有一定的创新性。

惠更斯原理在很早就应用于火蔓延模型的研究中，但是将其结合王正非火蔓延模型应用于草原火蔓延的研究相对较少，在火蔓延模型算法中将基于栅格数据和基于矢量数据的模型结合起来，既提高了计算精度，又解决了参数存储的问题。

三、研究不足与展望

草原火模型是对实际草原火蔓延发生过程的一种抽象表达，由于草原火燃烧受多种因素的影响，每种因素又具有复杂性，简单的模型方程不可能把复杂的火蔓延过程十分准确地表达出来，在数据选取、模型本身以及算法实现上都不可避免地存在着一定误差。因此本研究还有很多不足之处，需在未来的研究中进一步探究，将集中在如下四点。

一是优化计算火场边界的极坐标算法，以缓解预测时长增大后，蔓延边界的预测精度有明显降低的现象。

二是本研究只选用了一处案例区来模拟，在以后的研究中，希望能够利用更多的火情进行统计分析，对模型的精确度提供更有力的验证，也进一步优化草原火蔓延模拟模型的参数设置。

三是所选择的遥感数据分辨率为 2km，分辨率过低，希望今后能够利用高空间分辨率影像的真彩色图像进行火情蔓延的目视解译，并作为参考数据对蔓延模型进行更为可靠的精度评价。

四是 GRAPES-MESO 的中国及周边区域数值预报产品的预报数据时间分辨率 3h 一次，分辨率太低，蔓延预测做的时间分辨率较高，每次 10min，随着科学技术的发展，在以后的研究中会采用更高分辨的预报数据。

参考文献

常江，2019.基于神经网络和机器学习的土壤湿度反演研究［D］.上海：中国科学院大学（中国科学院上海技术物理研究所）.

陈洁，郑伟，刘诚，2017.Himawari-8 静止气象卫星草原火监测分析［J］.自然灾害学报，26（4）：200-207.

陈静，李晓莉，2020.GRAPES 全球/区域集合预报系统 10 年发展回顾及展望［J］.气象科技进展，10（2）：9-18.

陈喆，孙涛，张凌寒，等，2012.三维元胞自动机各向异性林火蔓延快速模型［J］.北京林业大学学报，34（1）：86-91.

褚圣麟，1955.惠更斯原理［J］.物理通报（4）：17-23.

崔亮，2011.内蒙古呼伦贝尔草原火灾风险预警研究［D］.长春：东北师范大学.

丁智，宋开山，王宗明，等，2014.基于 ArcGIS Engine 林火蔓延模拟算法的比较分析［J］.中国科学院大学学报，31（5）：640-646.

都瓦拉，2012.内蒙古草原火灾监测预警及评价研究［D］.北京：中国农业科学院.

郭平，康春莉，田卫，2002.草地可燃物床特性与草地火行为的关系［J］.干旱区研究（4）：8-15.

何兆爽，2020.时间序列预测的集成模型研究与应用［D］.兰州：兰州大学.

红英，2016.积雪对草原火发生的影响研究［D］.长春：东北师范大学.

黄华国，张晓丽，王蕾，2005.基于三维曲面元胞自动机模型的林火蔓延模拟［J］.北京林业大学学报，27（3）：94-97.

金云翔，徐斌，杨秀春，等，2011.内蒙古锡林郭勒盟草原产草量动态遥感估算［J］.中国科学：生命科学，41（12）：1185-1195.

李光辉，夏其表，李洪，2008.基于渗透理论的林火蔓延模型研究［J］.系统仿真学报，20（24）：18-21.

李林勇，2008.浙江省县级森林防火辅助决策系统研究［D］.南京：南京林业大学.

李兴华，任丽媛，刘秀荣，2014.气候变化对内蒙古草原火灾的影响［J］.干旱区资源与环境，28（4）：129-133.

李艳杰，解新路，张菲菲，2012.基于改进的元胞自动机林火蔓延模拟研究与实现［J］.绿色科技（8）：109-112.

李媛媛，翁文国，袁宏永，2012.基于 GIS 的林火蔓延模拟［J］.清华大学学报（自然科学版），12：1726-1730.

刘桂香，苏和，李石磊，1999.内蒙古草原火灾概述［J］.中国草地（4）：77-79.

刘向苗，2019.基于地球同步轨道卫星遥感数据野火蔓延速率估算［D］.成都：电子科技大学.

刘兴朋，张继权，范久波，2007.基于历史资料的中国北方草原火灾风险评价［J］.自然灾害学报（1）：61-65.

刘兴朋，张继权，2015.草原火灾风险评价技术及其应用研究［M］.北京：科学出版社.

马文苑，2019.大尺度林火驱动因子及预测模型研究［D］.北京：北京林业大学.

毛贤敏，徐文兴，1991.林火蔓延速度计算方法的研究［J］.气象与环境学报（1）：9-13.

毛贤敏，1993.风和地形对林火蔓延速度的作用［J］.应用气象学报（1）：102-106.

娜仁图雅，2017.风电场功率时间序列分析及预测方法研究［D］.天津：天津大学.

牛丽红，2012.拓扑地形上的林火蔓延模拟［D］.长沙：中南林业科技大学.

牛若芸，翟盘茂，孙明华，2006.森林火险气象指数及其构建方法回顾［J］.气象（12）：3-9.

彭筱，陈晓燕，黄武斌，2019.2016 年夏季不同分辨率GRAPES-MESO 模式的西北地区预报效果检验［J］.气象研究与应用，40（4）：6-11.

钱兰，张启兴，张永明，2020.集合卡曼滤波算法对FARSITE 模型林火蔓延预测的修正效果研究［J］.火灾科学，29（1）：36-45.

秦希，2019.未来气候情景下内蒙古草原火发生研究［D］.长春：东北师范大学.

曲焰鹏，郑淑霞，白永飞，2010.蒙古高原草原火行为的时空格局与影响因子［J］.应用生态学报，21（4）：807-813.

苏大学，1996.1∶1 000 000 中国草地资源图的编制与研究［J］.自然资源学报（1）：75-83.

苏日古嘎，2020.基于静止气象卫星的草原火实时监测与预警研究［D］.呼和浩特：内蒙古师范大学.

苏柱金，2008.结合 Huygens 原理的 GIS 山火蔓延模拟系统［D］.汕头：汕头大学.

孙晓芳，2009.基于 GIS 的林火蔓延可视化研究［D］.哈尔滨：东北林业大学.

唐勇，张晓碧，刘浩阳，等，2020.林火蔓延模型的改进及

可视化验证 [J]. 小型微型计算机系统, 41 (4)：223-226.

佟志军, 张继权, 廖晓玉, 等, 2008.基于 GIS 的草原火灾风险管理辅助决策支持系统的研究 [J]. 东北师大学报（自然科学）(2)：115-120.

王长缨, 周明全, 张思玉, 2006.基于规则学习的林火蔓延元胞自动机模型 [J]. 福建林学院学报, 26 (3)：229-234.

王鹏, 2019.基于混合 HOGA-SVM 信息融合的林火蔓延模型研究 [D]. 长沙：中南林业科技大学.

王正非, 1983.山火初始蔓延速度测算法 [J]. 山地研究(2)：42-51.

乌力吉, 2013.东乌珠穆沁旗志 [M]. 呼和浩特：内蒙古文化出版社.

吴瑞旭, 徐伟恒, 王秋华, 等, 2018.基于 ArcGIS 的高原林火蔓延三维可视化系统 [J]. 西部林业科学, 47 (1)：80-85.

吴贻军, 2016.风雪灾害下树木断裂机制及风险评估与防护 [D]. 合肥：安徽农业大学.

徐柱, 1998.面向 21 世纪的中国草地资源 [J]. 畜牧兽医科技信息 (22)：2-3.

杨胜利, 乌恩, 2013.东乌珠穆沁旗草地资源现状调查研究 [J]. 安徽农学通报 (9)：101-103.

玉山, 都瓦拉, 刘桂香, 2014.内蒙古草原枯草期可燃物量遥感估测模型研究 [J]. 干旱区资源与环境, 28 (11)：145-151.

玉山, 2020.内蒙古草原火行为及其模拟研究 [D]. 长春：东北师范大学.

张恒，何畅，王若彤，等，2021.中蒙边境典型草原可燃物热解动力学研究［J］.灾害学，36（1）：88-93.

张继权，刘兴朋，佟志军，2007.草原火灾风险评价与分区——以吉林省西部草原为例［J］.地理研究，26（4）：755-762.

张继权，佟志军，宋中山，等，2006.中国的草原火灾风险［C］//2006中国草业发展论坛论文集.

张晓婷，刘培顺，王学芳，2020.王正非林火蔓延模型改进研究［J］.山东林业科技（1）：1-6.

周道玮，刘洪源，1993.草地可燃物含水率变化规律的研究［J］.东北林业大学学报（2）：25-30.

周道玮，张智山，1996.草地火燃烧、火行为和火气候［J］.中国草地学报（3）：74-77.

周怀林，王玉辉，周广胜，2016.内蒙古草原火的时空动态特征研究［J］.草业学报，25（4）：16-25.

庄娇艳，2007.林火蔓延模型研究及GIS应用模块开发［D］.昆明：西南林业大学.

庄照荣，王瑞春，王金成，等，2019.GRAPES-MESO背景误差特征及应用［J］.应用气象学报，30（3）：316-331.

ALBINI F A，1985.A model for fire spread in wildland fuels by-radiation［J］.Combustion Science and Technology，42（5-6）：229-258.

ANDERSON D H，CATCHPOLE E A，MESTRE N，et al.，1982.Modeling the spread of grass fires［J］.The ANZIAM Journal，23（4）：451-466.

BAEZA M J，et al.，2002.Factors influencing fire behaviour in shrublands of different stand ages and the implications for using prescribed burning to reduce wildfire risk［J］.Journal of

Environmental Management, 65 (2): 199-208.

BEER T, 1993.The speed of a fire front and its dependence on wind-speed [J]. International Journal of Wildland Fire, 3 (4): 193-202.

BIAN H, ZHANG H, ZHOU D, et al., 2013. Integrating models to evaluate and map grassland fire risk zones in Hulunbuir of Inner Mongolia, China [J]. Fire Safety Journal, 61: 207-216.

BILGILI E, SAGLAM B, 2003.Fire behavior in maquis fuels in Turkey [J]. Forest Ecology and Management, 184 (1-3): 201-207.

CROBA D, LALAS D, PAPADOPOULOS C, et al., 1994. Numerical simulation of forest fire propagation in complex terrain; proceedings of the 2nd International Conference on Forest Fire Research [C] //Proceedings of the 2nd International Conference on Forest Fire Research.

CUNNINGHAM P, 2006.Dynamics of fire spread in grasslands: Numerical simulations with a physics-based fire model [J]. Forest Ecology & Management, 234: S92-S92.

FENG L I, LIU H, ZHANG X, et al., 2013. Determination of spontaneous combusion extent in coal seams on the basis of the fractal theory [J]. Coal Geology & Exploration, 29 (5): 53-58.

FINNEY M A, 1998.FARSITE: Fire area simulator-model development and evaluation [J]. USDA Forest Dervice - Research Papers RMRS (RP-4).

FORBES L K, 1997.A two-dimensional model for large-scale bushfire spread [J]. The ANZIAM Journal, 39 (2): 171-

194.

GLASA J, HALADA L, 2008. On elliptical model for forest fire spread modeling and simulation [J]. Mathematics and Computers in Simulation, 78 (1): 76-88.

GUO Z, FANG W, TAN J, et al., 2013. A time - dependent stochastic grassland fire ignition probability model for Hulun Buir Grassland of China [J]. Chinese Geographical Science, 23 (4): 445-459.

HOLSINGER L, PARKS S A, MILLER C, 2016. Weather, fuels, and topography impede wildland fire spread in western US landscapes-Science Direct [J]. Forest Ecology and Management, 380: 59-69.

HOMCHAUDHURI B, KUMAR M, COHEN K, 2013. Genetic algorithm based simulation - optimization for fighting wildfires [J]. International Journal of Computational Methods, 10 (6): 1350035.

KNIGHT I, COLEMAN J, 1993. A fire perimeter expansion algorithm-based on Huygens wavelet propagation [J]. International Journal of Wildland Fire, 3 (2): 73-84.

LAWSON B D, STOCKS B J, ALEXANDER M E, et al., 1985. A system for predicting fire behavior in Canadian forests [C] //Eighth Conference on Fire and Forest Meteorology. Detroit: Society of American Foresters.

LEYS B A, MARLON J R, CHARLES U, et al., 2018. Global fire history of grassland biomes [J]. Ecology & Evolution.

LI J, WANG N, 2020. Holocene Grassland Fire Dynamics and Forcing Factors in Continental Interior of China [J]. Geophysical Research Letters, 47 (13): 1-9.

LI N, ZHANG J, BAO Y, et al., 2018. Himawari-8 satellite based dynamic monitoring of grassland fire in China-Mongolia Border Regions [J]. Sensors, 18 (1): 276.

LINN R R, HARLOW F H, 1997. FIRETEC: A transport description of wildfire behavior [J]. office of scientific & technical information technical reports (3): 1-6.

LIU X P, ZHANG J Q, TONG Z J, et al., 2012. GIS-based multi-dimensional risk assessment of the grassland fire in northern China [J]. Natural Hazards, 64 (1): 381-395.

LIU X, ZHANG J, TONG Z, 2012. Large-scale spatial grassland fire spread simulation based on GIS [M]. Singapore: World Scientific.

LIU Y, LIU H, ZHOU Y, et al., 2018. Spread vector induced cellular automata model for real-time crown fire behavior simulation [J]. Environmental Modelling & Software, 108: 14-39.

LOPES A, RIBEIRO L M, VIEGAS D X, et al., 2019. Simulation of forest fire spread using a two-way coupling algorithm and its application to a real wildfire [J]. Journal of Wind Engineering and Industrial Aerodynamics, 193: 103967.

LOVELAND T R, REED B C, BROWN J F, et al., 2000. Development of a global land cover characteristics database and IGBP DISCover from 1km AVHRR data [J]. International Journal of Remote Sensing, 21 (6-7): 1303-1330.

MACARTHUR A, 1962. Control burning in eucalypt forest [J]. Commonwealth Forestry and Timber Bureau Leaflet, 80 (8): 601-605.

MARSDENS M J, CATCHPOLE W, 1995.Fire behaviour modelling in tasmanian buttongrass moorlands. II. fire behaviour [J]. International Journal of Wildland Fire, 5 (4): 215-228.

MCCAW W L, 1997.Predicting fire spread in Western Australian mallee-heath scrubland [D]. Sydney: University of New South Wales, Australian Defence Force Academy.

MELL, et al., 2007. A physics - based approach to modelling grassland fires [J]. International Journal of Wildland Fire, 16 (1): 1-22.

NOY - MEIR I, 2010. Interactive effects of fire and grazing on structure and diversity of Mediterranean grasslands [J]. Journal of Vegetation Science, 6 (5): 701-710.

PASTOR, et al., 2003. Mathematical models and calculation systems for the study of wildland fire behaviour [J]. Progress in Energy and Combustion Science, 29 (2): 139-153.

PERRY G L W, 1998. Current approaches to modelling the spread of wildland fire: a review [J]. Progress in Physical Geography, 22 (2): 222-245.

RICHARDS G D, 1990. Elliptical growth model of forest fire fronts and its numerical solution [J]. International Journal for Numerical Methods in Engineering, 30 (6): 1163-79.

RUI X, SHAN H, YU X, et al., 2018. Forest fire spread simulation algorithm based on cellular automata [J]. Natural Hazards: Journal of the International Society for the Prevention and Mitigation of Natural Hazards, 91: 309-319.

SHAN Y U, JIANG L, WALA D U, et al., 2020. Estimation and spatio - temporal patterns of carbon emissions from grassland fires in Inner Mongolia, China [J]. Chinese Geographical Science, 30 (4): 572-587.

SHARPLES J J, MCRAE R, WEBER R O, et al., 2009. A simple index for assessing fire danger rating [J]. Environmental Modelling & Software, 24 (6): 764-74.

SULLIVAN A L, 2010.Grassland fire management in future climate [J]. Advances in Agronomy, 106 (10): 173-208.

Sullivan A L, 2009. Wildland surface fire spread modelling, 1990—2007.1: Physical and quasi - physical models [J]. International Journal of Wildland Fire, 18 (4): 349-368.

VAKALIS D, SARIMVEIS H, KIRANOUDIS C, et al., 2004. A GIS based operational system for wildland fire crisis management I.Mathematical modelling and simulation [J]. Applied Mathematical Modelling, 28 (4): 389-410.

VELDMAN J W, BUISSON E, DURIGAN G, et al., 2016. Toward an old-growth concept for grasslands, savannas, and woodlands [J]. Frontiers in Ecology & the Environment, 13 (3): 154-162.

VERBESSELT J, SOMERS B, LHERMITTE S, et al., 2007. Monitoring herbaceous fuel moisture content with SPOT VEGETATION time-series for fire risk prediction in savanna ecosystems [J]. Remote Sensing of Environment, 108 (4): 357-368.

VIEGAS D X, 2002. Fire line rotation as a mechanism for fire spread on a uniform slope [J]. International Journal of Wildland Fire, 11 (1): 11-23

VINEY, N R, 1991. A review of fine fuel moisture modelling [J]. International Journal of Wildland Fire, 1 (4):

215-234.

WEBER R O, 1991. Toward a comprehensive wildfire spread model [J]. International Journal of Wildland Fire, 1 (4): 245-248.

WENYU J, FEI W, LFA B, et al., 2021. Modelling of wildland – urban interface fire spread with the heterogeneous cellular automata model – ScienceDirect [J]. Environmental Modelling & Software, 135: 104895.

YING H, SHAN Y, ZHANG H, et al., 2019. The effect of snow depth on spring wildfires on the Hulunbuir from 2001—2018 based on MODIS [J]. Remote Sensing, 11 (3): 1-19.

ZHANG Z, FENG Z, ZHANG H, et al., 2017. Spatial distribution of grassland fires at the regional scale based on the MODIS active fire products [J]. International Journal of Wildland Fire, 26 (3): 209-218.

第二章 内蒙古雪灾风险评估

第一节 引言

一、选题背景

联合国政府间气候变化专门委员会研究报告显示，气候变暖是导致全球自然灾害不断暴发的主要原因，而且自然灾害在逐年增加。资料显示，2010年中国的自然灾害较之前高出了一倍之多，而且，除了2008年是重灾年份，2010年又是一个重灾年份，其受灾人口较之前高出10.7%。根据《中国气象灾害年鉴（2012）》的数据可以看出，2012年全国气象灾害的种类增多，全国的气象灾害所造成的直接损失较之前（1990年至今）的平均水平要高出许多，且其局部地区的灾害较严重。气象灾害与人类的生活息息相关，对人类的生产以及生活造成了广泛且深重的影响。对于我国来说，几乎每年都有雪灾的发生，特别是新疆、西藏、青海、内蒙古这四大牧区，由于他们所处的纬度和海拔都较高，加之特殊的气候条件，故而这四个地方的雪灾发生频率更高。由于内蒙古处于农牧交错带，其气候条件以及生产方式具有独特性，故而雪灾是内蒙古的主要自然灾害之一。根据内蒙古主要自然灾害的资料来看，内蒙古至今仍靠天放牧的自然放牧方式，因此牧场易受到自然天气的影响，雪灾就是其中影响较大的一种自然灾害。他对2000年以前的内蒙古雪灾有详细的记述，由此可以看出，内蒙古雪灾的记载可以追溯到很早以前，本研究以时间为轴，选取较严重的雪灾进行描述：汉宣帝年间，匈奴降大雪，人畜受灾严重，死伤数较多；辽大康时期，发生雪灾，积雪有丈余厚，牲畜大量死亡；民国二十四年（1935年），东西乌珠穆沁旗、苏尼特左旗以及乌拉特中、后旗和土默特右旗遭受严重雪灾，牛羊几乎死光。

1959年，乌兰察布市的四子王旗遭受雪灾，牲畜死亡4 000多头，小畜死亡6 000多只，失散牲畜6 000多头，东乌珠穆沁旗、镶黄旗、陈巴尔虎旗牲畜死亡多达几万头；1977年，锡林郭勒盟遭受最严重白灾，全盟牲畜死亡高达70%以上；内蒙古全区仅1977年的大雪灾，全区牲畜死亡达56万头。其中锡林郭勒盟牲畜死亡50万头，赤峰市牲畜死亡3.2万头；2000年，呼伦贝尔市大部分地区遭受严重雪灾，牧户遭受严重损失，牲畜死亡达2万头，冻死2人；2004年，内蒙古中西部地区遭受雪灾，受灾面积大，受灾牲畜达480万头之多；2008年，全国范围均遭受雪灾的伤害，特别是内蒙古的中东部地区，连续遭受到暴风雪以及极端低温天气，使其受灾损失重大；2012年，内蒙古锡林郭勒盟西部以及呼伦贝尔市的中部地区形成中度雪灾，受灾面积达20.7万km²之多，占内蒙古全区面积17.5%；2014年，内蒙古中东部出现大范围降雪，积雪达半米有余，特别是锡林郭勒盟、呼伦贝尔市、赤峰市、通辽市的部分地区受灾严重，对人们的生活出行以及牧区牲畜产生了极大影响；2015年，内蒙古雪灾受灾面积达27.1万km²，雪灾主要集中在锡林郭勒盟的正蓝旗、苏尼特左旗和赤峰市的克什克腾旗。内蒙古雪灾的发生是由多种原因引起的：①内蒙古冬季降雪多，气温低，易形成积雪或者暴风雪；②内蒙古草原类型分布不均匀，有干旱草原、典型草原和草甸草原几种，他们的抗灾能力并不一致；③内蒙古牧场的牲畜种类不同，相比较而言，大牲畜的抗灾能力较小畜要高得多。由此导致内蒙古雪灾频率较高，对人类活动和牲畜都有严重伤害，因此研究内蒙古雪灾对于提高抗灾能力、防灾减灾有重要的意义。

二、国内外研究进展

"风险"这个词可以追溯到 19 世纪，它主要出自西方经济学。"风险"最初主要指经济方面可能出现的损失，但发展至今，"风险"这个术语已经广泛地应用于社会科学、自然科学以及工程力学的研究中。通过研读各类关于风险的学术著作，现在人们普遍认可的风险因素理论为：风险由三个基本因素构成，它们分别是不好的事件、不好的事件发生的概率以及不好的事件导致的损害（损失）。通过研究了解，风险评估主要是回答某一不好事件发生的原因以及导致不好后果的过程。自 20 世纪以来，自然灾害风险评估逐渐开始发展，其大致分为三个阶段：研究致灾因子的阶段、研究社会属性的阶段、综合研究阶段。

随着 20 世纪以来国外保险行业的迅速发展，自然灾害的风险评估研究也随之像雨后春笋般不断深入探索。目前国际上比较流行三种自然灾害风险评价理论，即美国模式理论、欧洲模式理论以及其他。美国最早进行自然灾害风险评价是在 20 世纪 30 年代，当时田纳西河流域管理局对洪水灾害进行了风险评估的理论和方法研究。美国的自然灾害风险评价理论一直处于世界领先水平，特别是 20 世纪 70 年代后，随着自然灾害风险评价与社会经济数据的紧密结合，其评价方式也由传统的定性评价方式逐渐转变为更加灵活的半定量或定量评价方式。欧盟一些发达国家的学者们也陆续对地震、洪水、滑坡以及泥石流等自然灾害进行风险评估的研究。同样的，日本对风险评价理论及方法的研究特别重视，其在 1988 年成立了日本风险评价分会，目的在于系统地、综合地研究自然灾害风险评价。21世纪以来，随着对自然灾害风险评估的深入研究，有关于自然灾害风险评估模型及其指标体系的探索和建立的研究也逐渐发展起来。例如联合国环境规划署和联合国发展计划署合作建立全球的资源信息数据库并建立了针对一系列自然灾害的风险指标体系；美国哥伦比亚大学联合世界银行、美洲发展银行建立起来三个非常著名的全球尺度的灾害脆弱性评估模型，它们分别是：灾害风险指数、灾害风险管理指标系统、热点地区的计划。因此，针对自然灾害风险评估的研究逐渐由单种灾害风险评估向多种灾害或者多种承灾体的综合风险评估模式转变。

国内关于自然灾害风险评估的研究起步较晚，开始以干旱、洪涝、地震等多发的自然灾害为主要研究对象。随着改革开放，我国参与了国际上"减灾十年"的计划，故而针对单种自然灾害的风险评估的指标体系研究发展比较成熟。例如有研究人员针对自然灾害进行了危险性、易损性的研究；唐川等（2005）在前人研究危险性、易损性的基础上，更加细化这两项因子的指标，并利用GIS的手段，对山洪灾害进行风险评估并绘制出风险区划图。而之后的研究中，史培军等（2006）提出了自然灾害三要素的理论，即孕灾环境、致灾因子和承灾体。并且史培军（2006）所涉及的灾害种类特别全面，其综合多种自然灾害的分析结果编制了《中国城市自然灾害风险评价图》。殷杰等（2009）在研究上海灾害风险评估过程中，对较笼统的三要素理论进行了更加细化，其主要选取历史灾情、致灾因子、暴露性、易损性、抗灾能力等方面。

国外关于雪灾风险评估的研究要早于国内，且研究方面多种多样，例如雪崩、积雪、雪灾对植被的影响等。研究人员对美国的暴风雪灾害进行风险评估的时候，引进了历史灾害资料的研究，因而为搜集资料的方式提供了新的思路；还有研究人员对意大利雪崩进行风险评价并绘制出雪崩风险等级图，在此期间，他们创立了关于积雪深度的评估模型。关于风险评估总体思路的研究，美国国家环保局曾经公布了风险评估的工作框架，即提出问题、问题分析、问题表征三个因素。

本研究更多的是参考了国内学者们关于雪灾方面研究的著作。虽然我国的灾害风险评估研究起步较晚，但是发展速度极快，至今关于灾害种类及方法的研究日新月异，特别是雪灾风险评估这一领域，现在可查的论文及资料也很多。首先，针对雪灾成因的分析，李海红（2006）认为，积雪达到很大的深度后，牧草将被积雪掩埋，这对于牲畜来说是致命的打击，因为牲畜很难或者无法进行采食，尤其是小型牲畜，最终造成牲畜掉膘严重，甚至死亡。之后有很多学者从多方面对雪灾成因进行分析，例如内蒙古气象研究所综合分析雪灾形成的基本要素（致灾因子、孕灾环境、承灾体），且最终稿建立起来雪灾成灾的指标体系。其次，对于雪灾时空分布的研究，郝璐（2005）认为，内蒙古中部地区、新疆北部地区以及青藏高原东部地区是雪灾风险高发区域。最后，关于建立雪灾风险评估模型的研究，最先，学者们都针对雪灾危险性、脆弱性两个方面对雪灾风险进行评估，如有学者在研究青藏高原雪灾的同时引进了"利用积雪数据"对脆弱性进行评估的方法。还有学者同时综合分析环境敏感性、危险性及易损性，最终将三者在 GIS 软件中做叠加分析并得出灾害风险区划图。陈彦清等（2010）则提出了以县级尺度为统计单元对雪灾风险进行评估。

三、研究目的与意义

本研究是针对内蒙古的雪灾风险评估，尤其对于内蒙古特殊的环境来讲，雪灾是发生在冬季特别常见的自然灾害，且给人们生活、经济带来了很大的影响，因此雪灾风险评估的研究在防灾减灾中有很重要的意义。随着有关自然灾害的深入研究，现在对各类自然灾害的研究逐渐精细化，且利用的手段也逐渐多样化，尤其近几年，学者们将遥感、地理信息系统等监测手段和图像处理技术的手段应用在灾害风险评估中，大大加强了灾害风险评估的实用性及可读性，也为灾害风险评估遇到的困难多增加了几种解决的方法和途径。雪灾风险评估主要评估内蒙古整个区域内所发生雪灾的可能性的大小，这种方法使得对灾害的防御重点从"灾后救援"转移到"灾前防御"上来，这样对于防灾救灾是很有意义的。本研究通过对内蒙古整个区域的雪灾风险评估，绘制出内蒙古的雪灾风险分布图，其主要目的是对内蒙古雪灾的风险程度进行区划，以便可以及时降低雪灾发生的概率以及雪灾给牧户们带来的严重损失。

四、研究内容与技术路线

本研究主要选用雪灾的孕灾环境敏感性、致灾因子危险性和承灾体易损性三个因子对内蒙古雪灾风险进行评估。其中，孕灾环境敏感性主要选用内蒙古的环境及基础建设作为评估指标，致灾因子危险性从雪灾方面入手，主要针对雪灾的自然气候条件方面选用评估指标，承灾体易损性则会考虑到承灾体的暴露性、承载体的敏感性以及其防灾减灾能力这三个方面，在此基础上会更进一步来选取各个具体的评估指标。接下来通过无量纲化处理对其数据进行量化，然后通过层次分析法和专家打分法确立各层的指标权重，最后确立起整个内蒙古雪灾的风险评估体系，具体的技术路线图如图 2-1 所示。

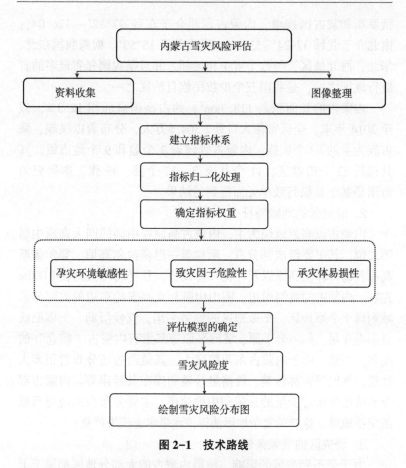

图 2-1 技术路线

第二节 研究区概况

一、自然概况

1. 研究区的地理位置

内蒙古自治区（简称内蒙古）处于我国的北部边疆，其与俄罗斯和蒙古国接壤。内蒙古东西介于东经 $97°12'\sim126°04'$，；南北介于北纬 $37°24'\sim53°23'$，纵占纬度 $15°59'$。横跨我国东北、华北、西北地区，与八个省份相接邻，并且是我国邻省最多的省级行政区之一，是我国五个少数民族自治区之一。

内蒙古的总面积是 $118.3km^2$，约占全国总面积 12.3%，截至 2014 年末，全区常住人口是 2 504.8 万人，分布着以汉族、蒙古族为主的 49 个民族。内蒙古管辖着 3 个盟和 9 个地市级，其共包括 22 个市辖区、11 个县级市、17 个县、49 旗。本研究的范围是基于县级行政单元而得到的结果。

2. 研究区的地貌特征

内蒙古以高原地貌为主，内蒙古高原在中国的四大高原中居第二位，其主要组成部分有：阿拉善—巴彦淖尔高原、鄂尔多斯高原和锡林郭勒高原以及呼伦贝尔高原，且平均海拔都在 1 000m 左右。内蒙古的黄河岸边、阴山山脚和大兴安岭东边的大部分区域则属于平原地区，平原地区的地势平坦，气候湿润、土壤肥沃且阳光充足，如河套平原、黄河平原等都素有内蒙古"粮仓"的美名。当然，由于内蒙古东西跨度大，其最西边还分布着很多大沙漠，如巴丹吉林沙漠、腾格里沙漠和库布其沙漠等。内蒙古部分地区还分布着少量的丘陵和山地地带，主要分布在山地与高原的交错地带，这样的复杂地形使得该地带水土流失严重。

3. 研究区的气候条件

由于受不到海风的影响，使得内蒙古的大部分地区都属于干旱气候。

但是，大兴安岭的北部地区则是唯一的半湿润气候区，由此往西，逐渐过渡到半干旱、干旱气候区，直到内蒙古最西端，已经是极旱气候区。内蒙古受大陆性气候和东亚季风气候的共同影响，故而其大部分降水集中在夏季。又因为会受到西伯利亚冷空气和蒙古冷高压的影响，内蒙古冬季多有强冷空气天气以及降雪和大风天气的发生。总体来看，内蒙古自西向东年均温度逐渐降低（图 2-2），相对湿度逐渐增高，全年降水量也逐渐增多（图 2-3）。内蒙古的年平均气温在 6.63℃ 左右。其中，乌海市的年均气温最高为 10.5℃，而海拉尔区的年均气温最低为-1.8℃。内蒙古相对湿度呈东高西低的状态，其平均相对湿度在 50% 左右，海拉尔区的相对湿度最大为 70%，巴彦浩特镇的相对湿度最小为 35%。内蒙古全区的平均降水量为 2 927mm 左右。其中年降水量最多的地区是临河区，为 3 376mm，年降水量最少的地区是乌兰浩特市，为 2 576mm。

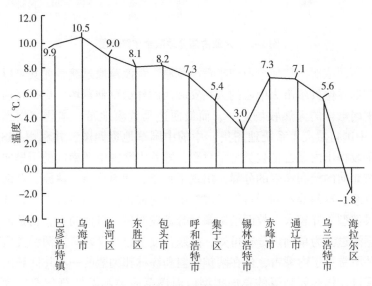

图 2-2　内蒙古部分地区年平均气温

4. 研究区的植被类型分布

内蒙古海拔多在 1 000m 以上，多草原（六大草原）和湖泊（1 000 多个）。由于内蒙古横跨的地域较广，且气候分布也比较多样，其东部为半湿润地带，西部为半干旱地带。因此内蒙古自

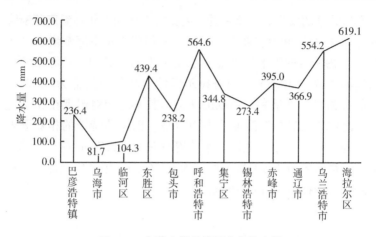

图 2-3　内蒙古部分地区全年降水量

东而西依次由草甸草原向半荒漠草原、荒漠草原过渡，尤其是以北部呼伦贝尔市为中心的大兴安岭西麓林缘草甸草场，更是目前中国最佳的天然牧场之一，而最西边是荒漠地带。本研究根据《中国自然灾害系统地图集》中的中国草地资源图，并利用 GIS 手段得出内蒙古植被类型示意图，随着内蒙古由西南向的干旱向东北向的湿润递变的分异，出现了荒漠、荒漠草原、草原、草甸草原、草甸等不同的自然景观，由于内蒙古横跨地域较广，其气候类型差异较大，故而植被景观分带较明显，自西向东，由荒漠逐渐过渡为草甸。分析可知，高寒荒漠草原和高寒草原两种类型并不常见于内蒙古，仅在阿拉善盟和锡林郭勒盟的一小片区域出现过。锡林郭勒盟的草原类型以温性草原类和温性草甸草原为主，部分地区则为低地草甸类。

二、社会经济

1. 内蒙古的人口密度分布

内蒙古地域广阔，由于是少数民族自治区，因此生产生活方式不尽相同，使得各个盟市的人口分布较不均匀。本研究根据《内蒙古统计年鉴2015》所提供的数据可知，内蒙古的人口主要分布在自治区的中部和东南部，而且内蒙古大部分地区的人口密度在0~20人/km²，而人口集中的地区多为盟市的政府驻地，相较而言，呼和浩特市、包头市、鄂尔多斯市、通辽市、赤峰市的人口密度比较大。其中人口密度最大的地区是乌兰察布市集宁区，其人口密度为754人/km²。包头市的人口密度居第二位，呼和浩特市次之居第三，其人口密度为618人/km²（内蒙古统计局，2015）。

2. 内蒙古产业的变化趋势

（1）内蒙古的一、二、三产业结构比例变化趋势

目前我国通用的产业结构分类方法是三次产业分类法，即分为三大产业（图2-4）。第一产业主要有农业、林业、牧业和渔

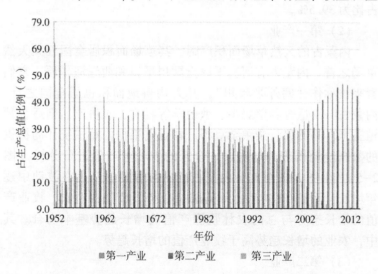

图2-4 1952—2014年内蒙古三大产业占比的变化趋势

业；而第二产业包括工业和建筑业；第三产业主要分为两大部门：流通部门、服务部门。

本研究根据1952—2014年的近62年的内蒙古的社会经济数据统计绘制如图2-4所示，纵坐标是各产业占生产总值的比例，图中三条直线分别是各产业在近62年的变化趋势线，故而可以看出，1980年以前，第一产业的比例占绝对领先的优势，最高值是1952年，占生产总值的71.1%，但是就发展趋势来看，农牧产业呈下滑趋势，而居后的工业、服务业却一直保持上升的趋势；自1980年以后，第二产业工业超过第一产业农牧业，依然平稳上涨；并且服务业也在1989年赶超农牧业，到现在一直处于增长期。1989年至今，工业居第一位，服务业其次，且工业和服务业依然稳步上升，而农牧业占比逐年下降，到2014年，农牧业占比仅有9.2%。而2014年，工业占比有51.3%，服务业占比为39.5%。

（2）第一产业

内蒙古的天然草场面积广阔，其草场面积居全国五大天然草场之首。内蒙古有河套平原土默川平原和西辽河平原，它们素来被称作"塞外米粮川"，其人均耕地面积也居全国之首。内蒙古特别适合养殖奶牛、绒山羊等牲畜，农耕产品则适合种植玉米、马铃薯、杂粮杂豆等。本研究根据内蒙古统计局提供的数据绘制图表，对内蒙古全区的农牧业产值进行分析（图2-5）。由图2-5可知，内蒙古的农林牧业总产值在波动中逐年增长，而且2003年之后其增长趋势不断加快。农、牧业产值的增长态势与总的农林牧渔产值的增长趋势基本吻合。其中，农业的增长趋势高于牧业产值的增长趋势。

（3）第二产业

内蒙古矿藏丰富，故内蒙古的工业发展良好（图2-6），由图中可以看出，2002年之前无论是工业还是建筑业都增长缓慢，

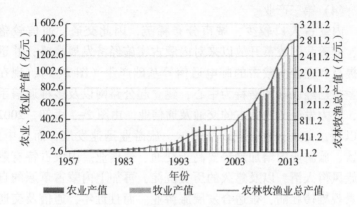

图 2-5　1957—2014 年内蒙古农林牧渔以及农业、牧业产值变化

且其产值一直处于较低水平。而 2002 年之后，第二产业总值、工业以及建筑业的增长趋势加快。其中工业的增长趋势尤为明显，由图 2-6 中也可看出，虽然建筑业的增长趋势和工业、第二产业总值的趋势吻合，但是建筑业的产值远低于工业产值。

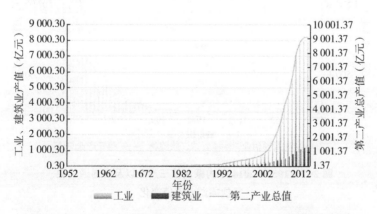

图 2-6　1952—2014 年内蒙古第二产业以及工业、建筑业产值变化

（4）第三产业

内蒙古人口较少，城市分布稀疏，因此交通、通信较落后，随着我国改革开放以来对内蒙古实施经济发展战略，并迅速提高和完善内蒙古的邮电通信等基础产业（图2-7），现在内蒙古已经以呼和浩特为中心，建立起公路网以及多种通信手段，大力发展了内蒙古的交通及通信业。由图2-7可知，2002年以后，交通、通信业以及餐饮、旅游业迅速发展，而其中，餐饮、旅游业的增加趋势要高于交通、通信业。内蒙古特有蒙古族风俗人情，以及悠久的历史沉淀，再加上内蒙古草原的自然景观雄伟壮丽，很适合发展旅游业。而且近年，通信及交通的大力发展，使得旅游和餐饮也得到相应的高速发展。

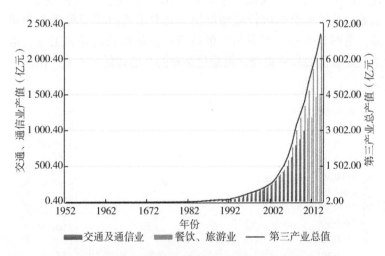

图2-7　1952—2014年内蒙古第三产业以及交通通信业、餐饮旅游业产值变化

第三节　雪灾风险评估的理论基础

一、雪灾风险评估的主要内容

联合国在 1991 年提出"自然灾害的风险程度＝危险性×易损性"这一概念，之后这一概念被普遍认可且应用于自然灾害的风险评估研究中。张继权等（2007）随后提出了自然灾害的四因素法（图 2-8），即"自然灾害的风险程度＝危险性×暴露性×脆弱性×防灾减灾能力"，这一理论也被广泛应用在灾害风险评估中。史培军等（2006）则提出了构成自然灾害的三要素，即孕灾环境、致灾因子、承灾体，且自然灾害的风险度由此三种因素共同作用而成。

本研究结合张继权等（2007）的四因素方法和史培军等（2006）的三因素理论作为内蒙古雪灾风险评价的理论依据，并根据内蒙古的实际情况，建立内蒙古雪灾风险度模型，即内蒙古雪灾风险程度＝（孕灾环境的敏感性、致灾因子的危险性、承灾体的易损性）。

1. 孕灾环境的敏感性

有研究人员提出，孕灾环境是致灾因子与承灾体所处的外部环境。而对于选取孕灾环境的敏感性因子角度的问题，史培军等（2006）曾经指出，孕灾环境的稳定程度是标定区域孕灾环境的定量指标，但是其并没有给定确切的定义。本研究结合实际情况，从防灾、抗灾的角度，选择公路密度这个因子作为描述孕灾环境敏感性的指标，且公路密度反向地表示孕灾环境的敏感性，即公路密度越大，则孕灾环境的敏感性越小，反之则孕灾环境的敏感性越大。

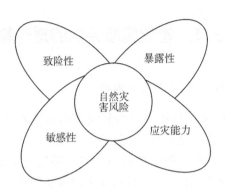

图 2-8　自然灾害风险的概念

2. 致灾因子的危险性

本研究的致灾因子是雪灾，在一般的雪灾研究中，多选用积雪日数、积雪深度及温度来进行雪灾的危险性研究。本研究主要选取了三个指标对致灾因子的危险性进行分析，分别是历史雪灾的发生频率、多年平均积雪日数和多年平均最大积雪深度。利用历史雪灾的发生频率来表示内蒙古各统计单元发生雪灾的可能性，而积雪日数和最大积雪深度则是造成雪灾的重要环境因素，因此三者缺一不可。通常来讲，雪灾发生频率越高，其致灾因子的危险性也越大。

3. 承灾体的易损性

有研究人员指出：易损性也称作脆弱性，其指在一定的孕灾环境中，某些特定的承灾体在自然灾害中易于遭受到损失和伤害的特征。基于对内蒙古实际情况的了解，本研究主要研究的承灾客体为人类活动及其牲畜活动。针对内蒙古雪灾承灾体的易损性评价，本研究选择暴露性、敏感性和应灾能力三个因子来评估。承灾体的暴露性指标多选择人口、牲畜、农作物、房屋等，这些指标可以表示出灾害中承灾体客体的数量和分布。本研究针对暴露性因子选择了人口密度、牲畜年末存栏数两个指标来表示。承灾体的敏感性指标则是体现了承灾体易于遭受到灾害损失的程度，通常多选择脆弱性较高的指标，如在自然灾害中，老人和孩子或者身患残疾的人群更容易遭受损失；牲畜中，小型牲畜采食以及抗灾能力较弱，因此其也易遭受灾害的损失。故而选取乡村留守人口、小畜比例两个指标来表示承灾体的敏感性。承灾体的应灾能力主要取决于该区域的经济发展水平、人民总体素质以及政府防灾减灾政策。本研究基于内蒙古的实际情况和搜集数据的难度，针对表达承灾体的应灾能力，本研究选取了平均文化程度、人均生产总值（人均GDP）、通信能力和灾害预报能力四个指标。

二、雪灾风险评估的主要方法

1. 参数评估法

本研究选择参数评估法对内蒙古雪灾的风险进行评估，首先确定风险评估模型，其次选取评估模型的表达因子：孕灾环境、致灾因子、承灾体，并在此基础细化各类指标，最后利用评估模型对各指标进行计算得出灾害的综合风险度。

2. 专家评分法

专家评分法主要依靠经验丰富的工作人员，通过经验和自身知识对一些难以量化的或者缺失的数据进行估算，本研究尝试用专家评分法来解决少量的问题，如补足某一统计单元某项指标的数据，但是系少量应用，因为该方法的精度并不高。

三、雪灾风险评估的流程

学术界并没有统一的雪灾风险评估流程，所以，本研究在参考了很多关于雪灾风险评估方面的论文，主要从搜集数据开始，依次为建立模型、建立指标体系，分别对各因子分析以及到最后综合风险度分析的顺序进行雪灾风险评估（图2-9）。

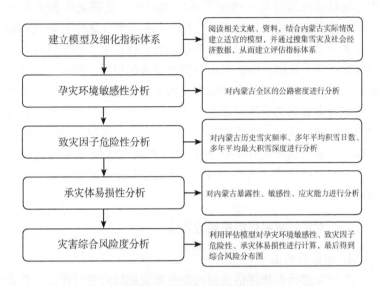

图2-9 雪灾风险评估流程

第四节　雪灾风险评估的具体步骤

本研究对于雪灾的风险评估工作主要有四部分：建立评估体系及细化指标、指标无量纲化处理、确定指标权重、建立风险评估模型。

一、建立评估体系及细化指标

本研究根据内蒙古的实际情况，建立内蒙古雪灾风险评估的指标体系分为三层：目标层、因子层、指标层。其中第一层目标层即为内蒙古雪灾风险指数；第二层因子层是孕灾环境敏感性、致灾因子危险性及承灾体易损性三个方面；第三层则为因子层更加细化出的指标层，共有 12 个具体指标（图 2-10）。

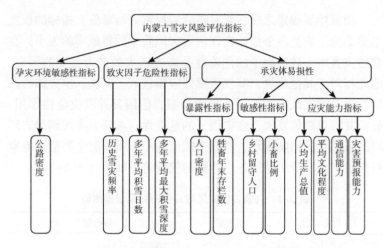

图 2-10 内蒙古雪灾风险评估指标体系

二、指标无量纲化处理

鉴于搜集到的数据各自有不同的单位，这样一来，它们没有可比性，也就不能进行带入模型计算，即使强行计算也没有任何意义，因此，本研究运用归一化的方法对各种量纲的数据进行处理，目的是消除量纲，通过该方法进行处理后的数据，其数值均介于 0~1，故而使数据具有可比性。本研究采用下面的公式进行无量纲化处理：

$$X'_i = \frac{X_i - X_{imin}}{X_{imax} - X_{imin}} \qquad (2-1)$$

式中，X'_i 为无量纲化处理后第 i 个指标的值；X_i 为第 i 个指标的原始值；X_{imax}、X_{imin} 分别为第 i 个指标的最大值和最小值。

三、确定指标权重

指标体系确定之后，要对指标的权重进行赋值。指标的权重主要是为了衡量各个指标在评估雪灾风险中的贡献率的大小，在自然灾害中，致灾因子的危险性是影响雪灾的最为重要的因素，因此相对于其他来说，其权重赋值应该最大。其次，承灾体的易损性也是雪灾风险的另一个影响因素，但因其并没决定性作用，故而其权重赋值要次于致灾因子的危险性。本研究考虑到孕灾环境的敏感性的影响较小，其权重赋值最小。本研究主要运用专家打分法和层次分析法给各个指标的权重进行赋值（表2-1）。

表2-1 内蒙古雪灾风险评估指标及权重赋值

目标层	因子层	指标层
孕灾环境敏感性（0.1）		公路密度（1）
致灾因子危险性（0.55）		历史雪灾频率（0.4）
		多年平均积雪日数（0.3）
		多年平均最大积雪深度（0.3）
承灾体易损性（0.35）	暴露性（0.45）	人口密度（0.4）
		牲畜年末存栏数（0.6）
	敏感性（0.25）	乡村留守从业人口比例（0.25）
		小畜比例（0.75）
	应灾能力（0.3）	人均生产总值（0.2）
		平均文化程度（0.2）
		通信能力（0.15）
		灾害预报能力（0.45）

四、建立风险评估模型

本研究中内蒙古雪灾的风险评估是由孕灾环境敏感性、致灾

因子危险性和承灾体易损性三部分组成，因此本研究结合上面风
险评估的基本模型将内蒙古雪灾风险评估的模型定义为

$$R = 0.1E + 0.55H + 0.35V \qquad (2-2)$$

式中，R 为雪灾风险水平指数；E 为孕灾环境敏感性指数；
H 为致灾因子危险性指数；V 为承灾体易损性指数。

第五节　内蒙古雪灾孕灾环境敏感性分析

狭义来讲，孕灾环境可以理解为灾害发生区域的自然环境。
因为内蒙古高原是我国的第二大高原，其地面地势平坦，起伏度
较和缓，且多草原和宽广盆地，但是内蒙古的经济、交通欠发
达，尤其草原的牧区地带，一旦遭受雪灾，与外界联系的公路就
显得难能可贵。本研究出于对内蒙古实际自然环境的了解，故而
本研究选取公路密度这个指标对内蒙古雪灾孕灾环境的敏感性进
行分析。

一、数据来源及处理

内蒙古地广人稀，人口分布不均匀且密度低，其道路交通并
不发达，尤其是牧区地带。雪灾一旦发生，交通状况是影响雪灾
救援的一项重大因素。通常来说，公路密度越大，该地区的救灾
环境条件越好。公路密度的数据不可直接获得，其计算公式：公
路密度=公路里程/统计单元的土地面积。对该项指标进行统计，
并在 GIS 软件中对其进行分等处理，最后得到内蒙古公路密度
分布图。

二、结果分析

本研究以公路密度代表内蒙古雪灾的孕灾环境敏感性，由公
路密度分布图可以看出，内蒙古中南部地区的公路密度大，尤其

以呼包鄂（呼和浩特市、包头市、鄂尔多斯市）为中心的公路网较密集，整体来看，内蒙古中南部和东南部分地区的公路密度较大，所以可以看出中南部、东南部区域公路的交通发达程度也较高。公路密度最大的地区分别有：呼和浩特市、包头市、临河区、集宁市、杭锦后旗、五原县、土默特右旗。

公路密度反向表达孕灾环境的敏感性，即当公路密度越大，表示该区域的交通发达程度越高，而其孕灾环境的敏感性则越小，反之则敏感性越大，因此内蒙古雪灾的孕灾环境敏感性可以表达成：

$$E = \frac{1}{J} \tag{2-3}$$

式中，E 为雪灾孕灾环境敏感性；J 为公路密度。

从整体上看，内蒙古北部大部分地区的孕灾环境敏感性大于南部区域；特别是内蒙古中部和赤峰市、通辽市的南部地区其孕灾环境敏感性较低。内蒙古孕灾环境敏感性最低的区域集中在乌海市、巴彦淖尔市的临河区、五原县一带，以及呼和浩特市、包头市、鄂尔多斯市、集宁区的大部分地区；内蒙古孕灾环境敏感性处于中等水平的地区分布在巴彦淖尔市的乌拉特后旗和乌拉特中旗、鄂尔多斯市的西部地区、包头市的达尔罕茂明安联合旗和集宁区的四子王旗、锡林郭勒盟的大部分地区、赤峰市和通辽市的北部地区、兴安盟的大部分地区以及呼伦贝尔市的西北地区；内蒙古孕灾环境敏感性处于高水平的区域集中在：阿拉善盟、呼伦贝尔市的新巴尔虎右旗、鄂温克族自治旗、鄂伦春自治旗、根河市。

第六节　内蒙古雪灾致灾因子危险性分析

雪灾被称作"白灾"，通常大量降雪是白灾的起因，且分析表明，白灾的形成关键由积雪状况决定，降雪越大，积雪越厚；温度越低，积雪持续时间越长。雪灾的发生会使牲畜无法正常采食，最终导致大量牲畜掉膘甚至死亡，同时由于雪灾引起的交通堵塞、通信中断甚至牧民伤亡等事件也给人们的生活、出行带来了无尽的威胁。康玲等（2005）根据近 50 年气象资料分析表明，内蒙古的大部分地区只有在 11 月以后和 3 月以前的积雪较大，因为此时旬平均气温≤-5℃，日平均最低气温≤-10℃，气温极低，容易形成积雪。依据国家《牧区雪灾等级》（GB/T 20482—2017）的规定，牧区的雪灾强度一般划分为四个等级的分类标准，分别是：轻灾、中灾、重灾、特大灾。由于内蒙古的北部气温低于南部，而气温越低则越有利于维持积雪，故而内蒙古北部积雪多于南部，因此积雪越厚，持续时间越长，雪灾的危害性也越大。

　　本研究选取了三个不同的指标来评价内蒙古雪灾危险性，即历史雪灾频率、多年平均积雪日数、多年平均最大积雪深度。一般来说，在假设承灾体的易损性和孕灾环境的敏感性相同的情况下，雪灾发生的频率和其致险程度呈正比，即雪灾发生的频率越高，其致险程度也越大，而其中这三个指标的权重是根据内蒙古牧区的雪灾发生的实际情况来确定的权重。最后，通过综合分析历史雪灾频率、多年平均积雪日数、多年平均最大积雪深度这三个指标，得到内蒙古的雪灾致灾因子危险性分析结果。

一、历史雪灾频率

1. 雪灾频率的计算公式

　　以内蒙古的各县级行政单元作为基本统计单元，定义各统计单元的雪灾频率为 D_F，主要统计方法如下。

　　用县级行政单元统计年里发生雪灾的年数来表示雪灾的发生频率，A_i 表示第 i 年雪灾是否发生，只要统计单元在第 i 年有雪灾发生，则记为 1 次，否则为 0，那么雪灾发生的频率 D_F 的表达式为：

$$D_F = \frac{1}{n} \sum_{i=1}^{n} A_i \qquad (2-4)$$

式中，n 为统计的总年份数；i 为年份（$i = 1$，2，3，…，n，$n = 51$）。

2. 数据来源及处理

（1）数据来源

本研究做历史雪灾频率等级分布图参考了诸多数据，主要有《中国气象灾害大典（内蒙古卷）》《中国气象灾害年鉴》《内蒙古自治区气象局气候公报》《中国自然灾害系统地图集》。

（2）数据处理

本研究主要参考《中国气象灾害大典（内蒙古卷）》以及内蒙古气象局的气候公报，并且以内蒙古的各年气候统计公报为辅助，运用上述的公式，对各个统计单元的数据进行量化统计。本研究统计的数据主要是内蒙古 1949—2014 年各县级单元发生的雪灾次数，通过公式计算出历史时期各县域单元的雪灾频率。

3. 结果分析

分析结果表明，内蒙古中东部的雪灾频率较高，尤其锡林郭勒盟的大部分地区的雪灾频率都达到最大值，而雪灾频率低的地区多集中在内蒙古西部、呼伦贝尔市西南部地区。

二、多年平均积雪日数

1. 数据来源及处理

本研究用到的多年平均积雪日数的数据来自《中国自然灾害系统地图集》。数据并不能直接使用，需先利用 GIS 软件，首先将图进行配准，然后对其进行矢量化，最后得到内蒙古多年平均积雪日数分布图。

2. 结果分析

分析结果表明，多年平均积雪日数大于 150d 的区域主要分布在陈巴尔虎旗、牙克石市、鄂伦春自治旗的部分地区、额尔古纳市和根河市的大部分地区、新巴尔虎左旗的东南部和阿尔山市交界的小片区域；多年平均积雪日数也达到 100~150d 是区域集中在锡林郭勒盟北部地区以及呼伦贝尔市南部地区；多年平均积雪日数处于中低水平的地区分布在内蒙古中南部、西部地区，特别是额济纳旗的大部分地区积雪日数值处于最低水平。

三、多年平均最大积雪深度

1. 数据来源及处理

本研究用到的多年平均最大积雪深度的数据来自《中国自然灾害系统地图集》。数据并不能直接使用，需先利用 GIS 软件，首先将图进行配准，然后对其进行矢量化，最后得到内蒙古多年平均最大积雪深度分布图。

2. 结果分析

分析结果表明，内蒙古多年平均最大积雪深度的分布与多年平均积雪日数的分布有一定的趋同性，自西向东呈阶梯式分布，其数值也随之增加，但不完全吻合。内蒙古多年平均最大积雪深度达到 30~100cm 的地区分布在呼伦贝尔市北部地区、锡林郭勒盟的东西乌珠穆沁旗的部分地区、赤峰市和通辽市的北部地区、兴安盟的小部分地区，尤其呼伦贝尔的额尔古纳市、根河市以及鄂伦春自治旗的年平均最大积雪深度达到最大值，其积雪深度大于 100cm；多年平均最大积雪深度处于中等水平的是内蒙古地区，包括呼包鄂和巴彦淖尔市的大部分地区；多年平均最大积雪深度处于最低水平的地区是阿拉善盟。

四、雪灾致灾因子危险性综合分析

1. 模型计算公式

因为考虑到历史雪灾对牧业的针对性更加强一些，而多年平均积雪日数、多年平均积雪深度的针对性相对较弱，所以，历史雪灾频率的权重赋0.4，多年平均积雪日数权重赋0.3，多年平均最大积雪深度赋0.3。因此，内蒙古雪灾致灾因子危险性综合计算公式为：

$$H = 0.4d_f + 0.3h_r + 0.3h_s \qquad (2-5)$$

式中，H 为雪灾致灾因子危险性；d_f 为历史雪灾频率；h_r 为多年平均积雪日数；h_s 为多年平均最大积雪深度。

2. 结果分析

根据雪灾致灾因子危险性计算公式对内蒙古雪灾的致灾因子进行计算，得到如下内蒙古雪灾致灾因子危险性分布图。根据分析结果可知，从整体上看，内蒙古东北区域是雪灾致灾因子危险性的高水平区域，特别是锡林郭勒盟和呼伦贝尔市其危险性最大；而内蒙古西南地区的致灾因子危险性水平都较低。内蒙古致灾因子危险性处于最低水平的区域主要分布在内蒙古西部的阿拉善盟的全部地区以及巴彦淖尔市、鄂尔多斯市、包头市、呼和浩特市的南部地区。内蒙古致灾因子危险性处于中等水平的区域分布在巴彦淖尔市的乌拉特后旗和乌拉特中旗，包头市的达尔罕茂明安联合旗，呼和浩特市与集宁区的大部分地区，赤峰市、通辽市的南部地区以及兴安盟的大部分地区；内蒙古致灾因子的危险性处于高水平的区域集中在锡林郭勒盟的全部地区，赤峰市、通辽市的北部地区以及呼伦贝尔市的大部分地区。

第七节　内蒙古雪灾承险体易损性分析

雪灾在内蒙古波及范围大，且是内蒙古冬季主要的自然灾害。由于内蒙古特有的环境条件及人们特有的生活方式，这就要求我们在分析内蒙古雪灾风险的时候，不仅要考虑内蒙古雪灾发生的孕灾环境和致灾因子的危险性，而且要重视内蒙古雪灾的承险体易损性的指标。由此考虑，本研究选用承灾体的暴露性、敏感性和应灾能力来分析内蒙古雪灾承险体的易损性。根据资料搜集的难度并结合风险评估基本理论的指导，本研究选择暴露性和敏感性这两个因子时，主要考虑角度是出于生命暴露性和生命敏感性来选择的，而应灾能力因子的选取则更多地考虑到内蒙古人们生活水平、文化素质以及政府所做的措施这几个方面选择指标。本研究考虑到利用层次分析法和专家打分法能够灵活地运用定性和定量的方式，所以该项易损性的各指标的权重赋值用此二者结合的方法获得。本研究采用定量方法和半定量方法结合的分析手段，来分析内蒙古雪灾承险体的易损性。

一、承险体暴露性分析

承险体的暴露性是暴露在雪灾影响范围内的承险体（如人口、牲畜、房屋、农田等）的数目或价值量，是雪灾风险存在的必要条件。

1. **数据来源及处理**

（1）数据来源

根据内蒙古牧区雪灾的特征，以及雪灾给农牧民、牲畜造成的伤害，并且考虑到数据搜集的难度，本研究选择人口密度、牲畜年末存栏数这两个指标对内蒙古雪灾的暴露性进行分析。这两种数据均来自《内蒙古统计年鉴2015》。

（2）数据处理

人口密度：人是雪灾的承险体之一，雪灾会不同程度地阻碍甚至伤害农牧民的身体，困扰他们的生活，例如使牧民冻伤、患雪盲症、流感、肠胃炎、中毒性痢疾等。而且分析可知，人口密度和暴露性呈正比，即人口越集中的地方，其暴露性越大。人口密度并没有直接的数据，计算公式为：人口密度＝人口总数/土地总面积。得到的数值经归一化处理，均在0～1的数值之间，最后利用 GIS 软件对该指标进行分级。

年末牲畜存栏数：雪灾的另一较大承灾体即牲畜，雪灾发生时，积雪会不同程度地掩埋牧草，使得牲畜觅食困难，且行动受阻，这样一来，牲畜的膘情会下降加快，且母畜流产，由于饥寒窘迫，最终导致牲畜死亡。同样的，年末牲畜存栏数和承灾体暴露性呈正比，年末牲畜存栏数越大，其暴露性越大。本研究将牲畜的年末存栏数进行归一化处理，经 GIS 软件对该指标进行分级。

2. 结果分析

内蒙古大部分地区的人口密度都较小，属于地广人稀，而人口密度较大的地区集中在呼和浩特市、包头市及其周边的县市和通辽市、赤峰市及其南部的县市。内蒙古人口密度最大的为集宁市，而人口密度最小的为内蒙古西部的额济纳旗。

内蒙古牧草丰富且多牧区，而年末牲畜存栏数较多的地区分布零散，主要分布在阿拉善左旗、巴彦淖尔市大部地区、鄂尔多斯市大部地区、锡林郭勒盟的东西乌珠穆沁旗、通辽市、赤峰市的大部地区、兴安盟南部地区以及呼伦贝尔市南部地区，尤其以通辽市、赤峰市的所在区域其牲畜存栏数较大；牲畜存栏数处于中等水平的区域分布较广，主要分布在内蒙古中部地区、锡林郭勒盟西部大部分地区、呼伦贝尔市北部大部分地区；牲畜存栏数水平最小的区域分布较少，主要集中在阿拉善盟的额济纳旗、阿拉善右旗，其余则多分布在不以牧区为主的地级市或旗县。

3. 承灾体暴露性的综合计算

（1）模型公式

根据分析，内蒙古雪灾承险体的暴露性的综合计算公式如下：

$$E = 0.4E_1 + 0.6E_2 \qquad (2\text{-}6)$$

式中，E 为承灾体暴露性综合度；E_1 为人口密度；E_2 为年末牲畜存栏数。

（2）结果分析

通过以上公式的计算，得到内蒙古雪灾承灾体暴露性综合分布图。结果表明，内蒙古承灾体暴露性处于高水平的区域主要集中在内蒙古中西部以及东南部地区，分布在巴彦淖尔市的临河市、乌拉特中旗等地区、包头市和达拉特旗、锡林郭勒盟的东乌珠穆沁旗、赤峰市、通辽市的大部分地区、兴安盟的大部地区以及呼伦贝尔市东南部的莫力达瓦达斡尔族自治旗、阿荣旗和扎兰屯市；内蒙古承灾体暴露性处于中等水平的区域主要集中在阿拉善左旗、鄂尔多斯市的南部地区、四子王旗、锡林郭勒盟的东北部地区、库伦旗和科尔沁左翼后旗及新巴尔虎左右旗；内蒙古承灾体暴露性处于低等水平的区域主要分布在阿拉善盟西部两个旗、呼和浩特市集宁的南部地区、锡林郭勒盟的南部地区以及呼伦贝尔的北部大部分地区。

二、承灾体敏感性分析

承灾体的灾损敏感性是指由承灾体本身的物理特性决定的接受一定强度的灾害打击后受到损失的容易程度，它反映了承灾体本身抵御雪灾打击的能力。

1. 数据来源及处理

（1）数据来源

本研究选择乡村留守从业人口比例、小畜比例这两个指标来分析雪灾承险体的敏感性，所用的数据均来自《内蒙古统计年鉴 2015》。

（2）数据处理

乡村留守从业人口比例：人口对于雪灾的敏感性主要表现在两个方面：应对雪灾的应急自救能力、雪灾损害的忍耐力。通常来看，老人和儿童对于雪灾的忍耐力和自救能力都较青壮年差。鉴于搜集数据的难度，本研究选取乡村留守从业人口占地区总人口的比例作为人口的敏感性指标，该数据不可直接获得，其计算公式：乡村留守从业人口比例=乡村从业人数/人口总数。乡村从业人员数是指乡村人口劳动年龄在 16 岁以上实际参加生产经营活动并取得实物或货币收入的人员。因此，乡村留守从业人口比例反向地反映了雪灾风险的敏感性，乡村留守从业人口比例越大，其雪灾风险的敏感性也越小，反之则雪灾风险的敏感性越大。

小畜比例：牲畜对雪灾风险的敏感性主要表现牲畜个体的破雪采食能力。牲畜的破雪采食能力越弱，越容易遭受雪灾的影响，其雪灾敏感性越强。通常小牲畜的破雪采食能力较大牲畜要逊色得多，故而其所占比例越大，对雪灾的敏感度也越大，所以本研究选取小畜比例作为牲畜对于雪灾风险的敏感指标。指标同样不可直接获得，计算公式为：小畜比例=羊年末存栏数/牲畜年末存栏数。

2. 结果分析

乡村劳动力比例处于高中水平的区域多集中在内蒙古中部地区和赤峰市、通辽市的南部地区；乡村劳动力比例处于中等水平的区域主要分布在内蒙古最西部的阿拉善盟以及锡林郭勒盟的部分地区；乡村劳动力比例处于低等水平的区域主要分布在呼伦贝尔市北部的大部分地区。

内蒙古大部地区的小畜比例都处于中高水平以上。小畜比例处于高水平的区域多分布在阿拉善左旗、巴彦淖尔市和鄂尔多斯市的大部地区、包头市的固阳县和武川县等地区、集宁区的北部地区、锡林郭勒盟的北部大部分地区、兴安盟的大部地区及呼伦贝尔市的东部和西部地区；小畜比例处于中等水平的区域主要分布在阿拉善盟的西部两个旗、包头市的达尔罕茂明联合旗和土默特右旗、集宁区的南部地区、锡林郭勒盟的正镶白旗和阿巴嘎旗、赤峰市和通辽市的北部小部分地区及呼伦贝尔市的中南部地区；小畜比例处于低等水平的区域分布很少，主要分布在乌海市、包头市、呼和浩特市及其南部的土默特左旗和托克托县及和林县、集宁区、锡林郭勒盟的南部地区、通辽市、赤峰市的南部大部分地区及呼伦贝尔市的中北部地区。

3. 承灾体敏感性的综合计算

（1）模型公式

根据分析，由于乡村留守从业人口比例与承灾体敏感性是反向联系，而且本研究尝试用其倒数代入模型中，结果并不理想，而式（2-7）中，利用乡村留守从业人口比例即得到非乡村从业人口比例，刚好可以正向表示承灾体敏感性，故而内蒙古雪灾承险体的敏感性的综合计算公式如下。

$$S = 0.25(1 - S_1) + 0.75S_2 \qquad (2-7)$$

式中，S 为承灾体的综合敏感度；S_1 为乡村留守从业人口例；S_2 为小畜比例。

（2）结果分析

通过对各承灾体指标的计算，得到内蒙古雪灾承灾体敏感性综合分布图。结果表明，内蒙古的北部区域其敏感性水平较南部区域要高，且大部分地区的敏感性水平都处于中高水平。内蒙古敏感性处于高水平的区域主要集中在阿拉善盟全部地区、巴彦淖尔市和鄂尔多斯市以及包头市的大部地区、集宁区的北部地区、锡林郭勒盟北部地区、兴安盟大部分地区及呼伦贝尔市的大部分地区；内蒙古敏感性处于中等水平的区域分布在巴彦淖尔市的磴口县和五原县、包头市的土默特右旗、呼和浩特市的清水河县、集宁区的南部地区、锡林郭勒盟的正镶白旗、扎鲁特旗、突泉县、乌兰浩特市及呼伦贝尔的扎兰屯市、莫力达瓦达斡尔族自治旗；内蒙古敏感性处于低水平的区域多集中在通辽市、赤峰市的南部大部分地区，剩余的则零星的分布在包头市和呼和浩特市的南部小部分地区、锡林郭勒盟的南部几个旗县及呼伦贝尔市的根河市。

三、应灾能力分析

应灾能力是社会体系保障承险体可以避免遭受，或者最大限度地降低遭受雪灾的威胁，为此所拥有的基础条件和防御雪灾的专项措施力度的大小。通常来讲，应灾能力与雪灾的风险发生的可能性呈反比，即假设雪灾致灾危险性相等的情况下，应灾能力越强，雪灾的风险发生的可能性越小。

1. 数据来源及处理

本研究基于能够体现出降低雪灾风险的人力、物力、财力以及政府作为等几方面选取指标，主要有人均生产总值、平均文化程度、通信能力、灾害预报能力。

（1）数据来源

本研究通过 4 个指标来反映基础应灾能力，分别是人均生产总值、平均文化程度、通信能力、灾害预报能力，一般来说，灾害预报能力多表现为预报准确率、气象站点的密集程度，考虑搜集数据的难度，本研究选取气象站点的密集度来代表内蒙古雪灾的预报能力。其数据来源于中国 752 个基本气象站点的分布资料。其他各指标的数据均来源于《内蒙古统计年2015》。

（2）数据处理

人均生产总值：人均生产总值又叫人均 GDP，这项指标可以部分地反映内蒙古各统计单元应对灾情的财力资源。很显然，财力资源越多，该地区的抗灾能力越高，雪灾的风险性越低。本研究统计内蒙古各县的人均生产总值的数据，最后得到内蒙古各统计单元人均生产总值的分布图。

平均文化程度：平均文化程度一般可以反映一个地区的受教育水平，通常某一地区人们的受教育水平越高，认识灾害风险的能力就越强，因而可以避免灾害损失的能力也越高。内蒙古有很大一部分是牧区，故而其文化水平会普遍较低，所以本研究选取普通高中在校学生人数来代表各个地区的平均文化程度。统计内蒙古各统计单元的普通高中在校学生人数，得到内蒙古各县的平均文化程度分布图。

通信能力：通信能力反映了发生雪灾时受灾地区与外界的联系程度，故而通信能力越强，受到雪灾危害的可能性会越小，其雪灾的风险性越低。鉴于搜集数据的难度，本研究选取本地电话年末用户来粗略地反映各地区的通信能力，统计内蒙古各统计单元的通信能力，最后得到内蒙古各县通信能力分布图。

灾害预报能力：灾害预报能力主要由气象站点的分布密度可以体现，气象站点的分布密度越大，该地区的雪灾预报能力越强，可以提前预报出某一地区的雪灾，这样一来就可以提前采取防御措施应对某一地区的灾害，可以减少雪灾给人们带来的各种损失。本研究对内蒙古地区的所有气象站点（共 50 个）资料进行整理，然后在 GIS 软件中对搜集来的数据进行密度分析，最后得到了内蒙古气象站点密度分布图，来表达该地区对雪灾的灾害预报能力。

2. 结果分析

整体来说，内蒙古西部的人均生产总值要大于其东部地区。其中，人均 GDP 处于最高水平的区域有：额济纳旗、乌海市、鄂托克旗、乌审旗、准格尔旗、包头市、呼和浩特市、通辽市、霍林郭勒市。而阿拉善盟其余地区及鄂尔多斯市的大部分地区和锡林郭勒盟的北部地区的人均 GDP 次之，其余地区人均 GDP 则较少。

内蒙古的平均文化程度普遍较低。内蒙古的东南部地区和中部地区的平均文化水平较其他地区要高；内蒙古西部和北部区域的平均文化水平都处于中、下水平。文化程度最高的地区分别是：包头市、呼和浩特市、赤峰市、通辽市。

内蒙古的通信能力普遍较低，而通信能力最高的地区也是分布寥寥，相对而言，内蒙古东部地区的通信能力要稍高于西部地区。

整体而言，气象站点的分布状态呈现出自东向西逐渐递减的趋势，因而灾害预报能力自东向西逐渐减弱，灾害预报能力处于高水平的区域主要分布在：阿拉善左旗和巴彦淖尔市的中部地区、鄂尔多斯市的东部地区、包头市、呼和浩特市、集宁区的中部地区、锡林郭勒盟的西部地区、赤峰市和兴安盟及呼伦贝尔市的中部地区；灾害预报能力处于低水平的区域则主要分布在阿拉善盟西部的两个旗、锡林郭勒盟南部地区及呼伦贝尔市的北部和东部地区。

3. 应灾能力的综合计算

（1）模型公式

根据分析，内蒙古雪灾应灾能力的计算公式如下：

$$R = 0.45R_1 + 0.12R_2 + 0.08R_3 + 0.35R_4 \qquad (2-8)$$

式中，R 为应灾能力指数；R_1 为人均生产总值；R_2 为平均文化程度；R_3 为通信能力；R_4 为灾害预报能力。

（2）结果分析

上述各项指标的权重是通过层次分析法和专家打分法而赋值的，并且在计算前，需要对各项指标的数据进行无量纲化处理，最后在 GIS 软件中对上述指标进行栅格计算，得到内蒙古雪灾应灾能力。

就整体而言，内蒙古雪灾应灾能力与居民人均生产总值、灾害预报能力的关联较大。内蒙古雪灾应灾能力较强的地区主要分布在内蒙古的主要城市及部分州府所在地。内蒙古应灾能力处于高等水平的区域主要分布在阿拉善盟的额济纳旗和阿拉善左旗、鄂尔多斯市的南部地区、锡林郭勒盟的镶黄旗和东乌珠穆沁旗、通辽市和赤峰市的南部少数几个市及旗县、呼伦贝尔市的中部地区；内蒙古大部分地区的应灾能力处于中等水平，主要分布在巴彦淖尔市和包头市的北部地区、锡林郭勒盟的大部分地区、通辽市、赤峰市的北部大部分地区、呼伦贝尔市的东南部地区；内蒙古应灾能力处于低等水平的区域主要分布在巴彦淖尔市的磴口县、集宁区的大部分地区、锡林郭勒盟的正镶白旗、通辽市、赤峰市北部的几个旗县、兴安盟的大部分地区、呼伦贝尔市北部的额尔古纳市和根河市及其东南部的莫力达瓦达斡尔族自治旗。

四、承灾体易损性的综合分析

根据以上对内蒙古雪灾承险体的暴露性、敏感性以及应灾能力的分析。通过分析可知，承险体的暴露性、敏感性与易损性呈正比，即暴露性和敏感性越高，则承灾体的易损性越高；而应灾能力与易损性呈反比，即应灾能力越高，反而承灾体易损性越低。所以内蒙古雪灾承灾体易损性的计算公式如下：

$$V = 0.45E + 0.25S + 0.3\frac{1}{R} \tag{2-9}$$

式中，V 为承险体脆弱性；E 为承灾体暴露性指数；S 为承灾体敏感性指数；R 为应灾能力。

利用 GIS 软件将上述指标计算后，从整体上看，内蒙古的中部和东部区域的易损性的水平要高于其他地区，而其西南区域及东南小部分区域的易损性水平较低。内蒙古承灾体易损性处于低水平的区域分布在内蒙古西部的阿拉善盟的大部分地区、巴彦淖尔市的临河区、乌海市、鄂尔多斯市和包头市的南部地区、呼和浩特市、集宁区、锡林浩特市、赤峰市和通辽市的南部地区、乌兰浩特市、呼伦贝尔市的东南地区，且承灾体易损性较低的区域多分布在内蒙古的主要城市；内蒙古承灾体易损性处于中高水平的区域占绝大多数，主要分布在阿拉善盟的阿拉善右旗，巴彦淖尔市的北部地区，包头市、呼和浩特市、集宁区的大部分地区、锡林郭勒盟的大部分地区、通辽市、赤峰市的北部地区、兴安盟的大部分地区以及呼伦贝尔市的西北地区；内蒙古承灾体易损性最高的地区是阿尔山市。

第八节　内蒙古雪灾风险分析

内蒙古雪灾风险是衡量雪灾和其承灾体之间的关系，根据风险区划的方法和模型，利用雪灾致灾危险性、承灾体脆弱性两个评估因子，加入模型中对雪灾的风险损失进行评估。将上节中得到的孕灾环境敏感性、雪灾致灾因子的危险性、雪灾承灾体的易损性，代入内蒙古雪灾风险模型中进行分析，并且将风险等级细化，以表达出内蒙古雪灾风险的空间差异。

本研究将内蒙古雪灾风险度划分为 5 个等级，分别是高、较高、中、较低、低。

一、内蒙古雪灾风险度模型

内蒙古雪灾风险的综合分析是对雪灾孕灾环境敏感性、雪灾致灾因子的危险性、承灾体的易损性 3 个方面加以分析，雪灾风险分析的基本模型为：

$$R = 0.1E + 0.5H + .035V \tag{2-10}$$

式中，R 为雪灾风险度指数；E 为雪灾孕灾环境的敏感性指数；H 为雪灾致灾因子的危险性指数；V 为雪灾承灾体的易损性指数。

本研究将上节所分析的关于内蒙古的雪灾孕灾环境敏感性、雪灾致灾因子危险性和承灾体易损性的计算结果代入雪灾风险分析的模型里，然后在 GIS 软件中进行栅格计算，将其分为 5 个等级（表 2-2），最后得到内蒙古雪灾综合风险分布图。

表2-2 内蒙古雪灾风险分级

雪灾风险等级	风险指数
低	0~0.058
较低	0.058~0.115
中	0.115~0.203
较高	0.203~0.397
高	0.397~1

二、结果分析

由内蒙古雪灾风险区划的结果可知：从整体上看，内蒙古中部、东北部区域的雪灾风险更高，尤其以锡林郭勒盟的大部分地区、兴安盟的大部分地区、呼伦贝尔市尔市的西部和北部地区较集中；内蒙古雪灾风险处于低水平的区域多分布在其西南、东南及呼伦贝尔市的东部地区。内蒙古雪灾风险程度处于低水平的区域主要分布在阿拉善盟的全部地区，呼包鄂的南部地区，锡林郭勒盟的东部地区，赤峰市和通辽市的南部地区以及呼伦贝尔市的东部地区；内蒙古雪灾风险程度处中等和高水平的区域占绝大多数，主要分布在巴彦淖尔市的北部地区、集宁区的大部地区、锡林郭勒盟、兴安盟的大部地区、赤峰市和通辽市的北部地区和呼伦贝尔市的西部地区；内蒙古雪灾风险程度最高的地区阿尔山市。

第九节 结论与讨论

一、主要结论

本研究根据自然灾害风险评估的理论基础，并总结出适用内蒙古雪灾的风险评估模型，加之以 GIS 为技术手段，对内蒙古89 个县域统计单元的雪灾进行分析，并且从雪灾的孕灾环境敏感性、致灾因子危险性、承灾体易损性 3 个方面对内蒙古雪灾进行评估。本研究主要介绍了：建立评估指标体系、建立评估指标基础数据库、确定指标权重系数、指标无量纲化处理、建立评估模型、利用 GIS 手段得到评估结果。得到的主要结论如下。

（1）本研究中对内蒙古雪灾的孕灾环境敏感性的评估，主要选择公路密度这个指标来表示，公路密度越大表示该地区的交通发达程度越高，该区域的孕灾环境敏感性反而越小，反之则其孕灾环境敏感性越大。总体而言，内蒙古北部大部分地区的孕灾环境敏感性大于其南部区域，特别是内蒙古中部和赤峰市、通辽市南部地区因其交通发达程度较高，因而其孕灾环境敏感性较低。敏感性最高的地区是阿拉善盟的额济纳旗。

（2）本研究中对内蒙古雪灾致灾因子的危险性评估，主要选取历史雪灾频率、多年平均积雪日数、多年平均最大积雪深度3 个指标来表示。基于以上 3 个指标对其在 GIS 中进行定量计算得到内蒙古雪灾致灾危险性分布图，结果表明，从整体上看，内蒙古东北区域是雪灾致灾因子危险性的高水平区域，特别是锡林郭勒盟和呼伦贝尔市其危险性最大；而内蒙古西南地区的致灾因子危险性水平都较低。内蒙古致灾因子危险性处于最低水平的区域主要分布在内蒙古西部的阿拉善盟的全部地区以及巴彦淖尔市、鄂尔多斯市、包头市、呼和浩特市的南部地区。内蒙古致灾因子危险性处于中等水平的区域分布在巴彦淖尔市的乌拉特后旗和乌拉特中旗、包头市的达尔罕茂明安联合旗、呼和浩特市与集宁区的大部分地区、赤峰市和通辽市的南部地区以及兴安盟的大部分地区；内蒙古致灾因子的危险性处于高水平的区域集中在锡林郭勒盟的全部地区、赤峰市和通辽市的北部地区以及呼伦贝尔市的大部分地区。

（3）本研究中对于内蒙古雪灾的承灾体的易损性评估，主要选取了暴露性、敏感性、应灾能力3类指标，它们分别涵盖了内蒙古应对雪灾的人力、物力、财力、救灾能力等资源，为了能更加客观地得到承灾体的易损性，分别又细化了8个基础指标来表示暴露性、敏感性以及应灾能力。结果表明：

第一，利用公式计算内蒙古的人口密度和年末牲畜存栏数，得到内蒙古的承灾体的暴露性分布图，可以看出，内蒙古承灾体暴露性处于高水平的区域主要集中在内蒙古中西部以及东南部地区，分布在巴彦淖尔市的临河区、乌拉特中旗等地区、包头市和达拉特旗、锡林郭勒盟的东乌珠穆沁旗、赤峰市和通辽市的大部分地区、兴安盟的大部地区以及呼伦贝尔东南部的莫力达瓦达斡尔族自治旗、阿荣旗和扎兰屯市；内蒙古承灾体暴露性处于中等水平的区域主要集中在阿拉善左旗、鄂尔多斯市的南部地区、四子王旗、锡林郭勒盟的东北部地区、库伦旗和科尔沁左翼后旗及新巴尔虎左右旗；内蒙古承灾体暴露性处于低等水平的区域主要分布在阿拉善盟西部两个旗、呼和浩特市和集宁区的南部地区、锡林郭勒盟的南部地区以及呼伦贝尔市的北部大部分地区。

第二，利用公式计算内蒙古的乡村留守从业人口比例和小畜比例，得到内蒙古的承灾体的敏感性分布图，可以看出，内蒙古的北部区域其敏感性水平较南部区域要高，且大部分地区的敏感性水平都处于中高水平。内蒙古敏感性处于高水平的区域主要集中在阿拉善盟全部地区、巴彦淖尔市和鄂尔多斯市以及包头市的大部地区、集宁区的北部地区、锡林郭勒盟北部地区、兴安盟大部分地区及呼伦贝尔市的大部分地区；内蒙古敏感性处于中等水平的区域分布在巴彦淖尔市的磴口县和五原县、包头市的土默特右旗、呼和浩特市的清水河县、集宁区的南部地区、锡林郭勒盟的正镶白旗、扎鲁特旗、突泉县、乌兰浩特市及呼伦贝尔市的扎兰屯市、莫力达瓦达斡尔族自治旗；内蒙古敏感性处于低水平的区域多集中在通辽市、赤峰市的南部大部分地区，剩余的则零星分布在包头市、呼和浩特市的南部小部分地区、锡林郭勒盟的南部几个旗县及呼伦贝尔市的根河市。

第三，本研究细化出4个指标来表示内蒙古雪灾应灾能力，通过计算得到内蒙古雪灾应灾能力分布图，可以看出，内蒙古雪灾应灾能力较强的地区主要分布在内蒙古的主要城市及部分州府所在地。内蒙古应灾能力处于高等水平的区域主要分布在阿拉善盟的额济纳旗和阿拉善左旗、鄂尔多斯的南部地区、锡林郭勒的镶黄旗和东乌珠穆沁旗、通辽市、赤峰市的南部少数几个市及旗县、呼伦贝尔市的中部地区；内蒙古大部分地区的应灾能力处于中等水平，主要分布在巴彦淖尔市和包头市的北部地区、锡林郭勒盟的大部分地区、通辽市、赤峰市的北部大部分地区、呼伦贝尔市的东南部地区；内蒙古应灾能力处于低等水平的区域主要分布在巴彦淖尔市的磴口县、集宁区的大部分地区、锡林郭勒盟的正镶白旗、通辽市、赤峰市北部的几个旗县、兴安盟的大部分地区、呼伦贝尔市北部的额尔古纳市和根河市及其东南部的莫力达瓦达斡尔族自治旗。

第四，最后将内蒙古雪灾承灾体的暴露性、敏感性和应灾能力三个因子进行计算，得到内蒙古雪灾承灾体的易损性分布图，通过分析可得，从整体上看，内蒙古的中部和东部区域的易损性的水平要高于其他地区，而其西南区域及东南小部分区域的易损性水平较低。内蒙古承灾体易损性处于低水平的区域分布在内蒙古西部的阿拉善盟的大部分地区、巴彦淖尔市的临河区、乌海市、鄂尔多斯市和包头市的南部地区、呼和浩特市、集宁区、锡林浩特市、赤峰市和通辽市的南部地区、乌兰浩特市、呼伦贝尔市的东南地区，且承灾体易损性较低的区域多分布在内蒙古的主要城市；内蒙古承灾体易损性处于中高水平的区域占绝大多数，主要分布在阿拉善盟的阿拉善右旗、巴彦淖尔市的北部地区、包头市、呼和浩特市、集宁区的大部分地区、锡林郭勒盟的大部分地区、通辽市、赤峰市的北部地区、兴安盟的大部分地区以及呼伦贝尔市的西北地区；内蒙古承灾体易损性最高的地区是阿尔山市。

（4）将内蒙古孕灾环境敏感性、致灾因子危险性、承灾体易损性代入雪灾风险评估的模型，最后得到雪灾风险分布图，并将内蒙古雪灾风险划分为高、较高、中、较低、低5个等级。分析可知，从整体上看，内蒙古中部、东北部区域的雪灾风险更高，尤其以锡林郭勒盟的大部分地区、兴安盟的大部分地区、呼伦贝尔市的西部和北部地区较集中；内蒙古雪灾风险处于低水平的区域多分布在其西南、东南及呼伦贝尔市的东部地区。内蒙古雪灾风险程度处于低水平的区域主要分布在阿拉善盟的全部地区、呼包鄂的南部地区、锡林郭勒盟的东部地区、赤峰市和通辽市的南部地区以及呼伦贝尔市的东部地区；内蒙古雪灾风险程度处中、高水平的区域占绝大多数，主要分布在巴彦淖尔市的北部地区、集宁区的大部地区、锡林郭勒盟、兴安盟的大部地区、赤峰市和通辽市的北部地区和呼伦贝尔市的西部地区；内蒙古雪灾风险程度最高的地区为阿尔山市。

二、讨论与展望

（1）本研究所建立的风险评估模型是参考史培军（2006）的三因素法，但是在为指标体系选取具体指标的时候，虽然是参考了大量的之前学者们所选用的指标，但由于搜集数据的难度较大，本研究根据实际情况建立了一套自己的指标体系，这或多或少存在一定的主观性，也会对最终结果有影响。因此，希望在今后的学习中，能够更加全面客观地为风险评估模型选取指标。

（2）本研究中确定指标权重时候，所用的方法是层次分析法和专家打分法结合，专家打分获得指标权重，因此存在一定的主观性，这样会或多或少影响评估结果。所以，希望在之后对雪灾风险深入的研究中，能进一步优化指标权重的确定方法，使得评估结果更加客观。

（3）本研究在分析雪灾孕灾环境敏感性的时候，因为受到数据的局限，再加之本研究认为内蒙古地势平坦，故而并没有考虑地形起伏的因素，而是选取了公路密度作为指标来分析，这样的做法存在一定的主观性，而且适用范围局限在内蒙古的特有环境，故而这样的选取方法不一定适用在别的研究区域。所以，作者希望在今后的学习过程中，通过对研究区进行详细的了解，能更完善该项指标的选取，使得评估模型更精确。

（4）本研究同时利用数学方法及 GIS 辅助手段对内蒙古雪灾风险进行评估，但是由于雪灾的影响因素是多种多样的，因此，希望在之后的研究能更加全面地考虑到关于雪灾评估的诸多问题，以提高评估精度。本研究是基于行政区划来统计各个指标，但是自然灾害——雪灾的发生和地域地带有很大的关系，所以，希望在之后的研究中可以打破行政区域，以地带性为统计单元，更加精确地对雪灾风险评估进行研究。

（5）本研究仅讨论了关于内蒙古雪灾风险评估的问题，这对于雪灾的预防有很积极的意义，但是本研究欠缺后续的减灾抗灾研究，只有防灾和抗灾有机地结合在一起，才会对内蒙古雪灾有更加完善的意义。所以，作者希望在今后的研究中，可以将风险评估和相应的后续管理措施等抗灾研究相结合。

参考文献

曹伟超，陶和平，孔博，等，2011.青藏高原地貌形态总体特征的 GIS 识别分析 [J]. 水土保持学报，31（4）：163-168.

陈彦清，杨建宇，苏伟，等，2010.县级尺度下雪灾风险评价方法 [J]. 农业工程学报，26（2）：307-311.

董芳蕾，2008.内蒙古锡林郭勒盟草原雪灾灾情评价与等级区划研究 [D]. 长春：东北师范大学.

冯学智，鲁安新，曾群柱，1997.中国主要牧区雪灾遥感监测评估模型研究 [J]. 遥感学报，1（2）：129-134.

宫德吉，郝慕玲，1998.白灾成灾综合指数的研究 [J]. 应用气象学报，9（1）：119-123.

宫德吉，李彰俊，2001.内蒙古暴雪灾害的成因与减灾对策 [J]. 气候与环境研究（1）：133-137.

宫清华，黄光庆，郭敏，等，2009.基于 GIS 技术的广东省洪涝灾害风险区划 [J]. 自然灾害学报，18（1）：58-63.

韩经纬，祁伏裕，康玲，等，2005.内蒙古大（暴）雪天气的卫星云图特征 [J]. 自然灾害学报，3（2）：303-306.

韩俊丽，2007.内蒙古中东部草原牧区雪灾的气象因子分析 [J]. 阴山学刊（自然科学版），21（3）：48-52.

郝璐，王静爱，李彰俊，等，2005.基于 GIS 的北方草地畜牧业雪灾评估信息系统 [J]. 自然灾害学报，3（1）：313-317.

郝璐，王静爱，满苏尔，等，2002.中国雪灾时空变化及畜牧业脆弱性分析 [J]. 自然灾害学报，11（4）43-48.

何永清，周秉荣，张海静，等，2010.青海高原雪灾风险度评价模型与风险区划探讨 [J]. 草业科学，27（11）：37-42.

胡蓓蓓，2009.天津市滨海新区主要自然灾害 [D]. 上海：华东师范大学.

黄蕙，温家洪，司瑞洁，等，2008.自然灾害风险评估国际计划述评 I——指标体系 [J]. 灾害学，2（23）

112-116.

黄芸玛, 2006.雪灾的特征及其成因分析——以青南高原为例 [J].陕西师范大学继续教育学报（西安）, 23 (3): 119-122.

蒋新宇, 范久波, 张继权, 等, 2009.基于 GIS 的松花江干流暴雨洪涝灾害风险评估 [J].灾害学, 9 (3): 51-56.

康玲, 李一平, 李彰俊, 等, 2005.内蒙古自治区大、暴雪过程日历 [J].自然灾害学报, 3 (2): 279-283.

李海红, 李锡福, 张海珍, 等, 2006.中国牧区雪灾等级指标研究 [J].青海气象 (1): 24-27, 38.

李培基, 1995.高亚洲积雪分布 [J].冰川冻土, 17 (4): 291-298.

李三妹, 傅华, 姚艳丽, 等, 2005.EOS/MODIS 监测系统在新疆雪灾监测中的应用 [J].自然灾害学报 (3): 294-301.

梁天刚, 刘兴元, 郭正刚, 2006.基于 3S 技术的牧区雪灾评价方法 [J]. 15 (4): 122-129.

刘兴元, 梁天刚, 郭正刚, 等, 2008.北疆牧区雪灾预警与风险评估方法 [J].应用生态学报, 19 (1): 133-138.

鲁安新, 冯学智, 曾群柱, 等, 1997.西藏那曲牧区雪灾因子主成分分析 [J].冰川冻土, 19 (2): 180-185.

鲁安新, 冯学智, 曾群柱, 1995.我国牧区雪灾判别因子体系及分级初探 [J].灾害学, 10 (3): 15-18.

申双和, 张方敏, 盛琼, 2009.1975—2004 年中国湿润指数时空变化特征 [J].农业工程学报, 25 (1): 11-15.

石勇, 孙雷, 石纯, 等, 2010.上海沿海六区县自然灾害脆弱性评价 [J].自然灾害学报, 19 (3): 156-161.

史培军, 杜鹃, 冀萌新, 等, 2006.中国城市主要灾害风险

评价研究 [J]. 地球科学进展, 21 (2): 170–177.

唐川, 朱静, 2005.基于 GIS 的山洪灾害风险区划 [J]. 地理学报, 1 (1): 87–94.

王江山, 周咏梅, 1998.青海省牧区雪灾预警模型研究 [J]. 灾害学, 13 (1): 30–33.

乌兰巴特尔, 刘寿东, 2005.牧区雪灾综合评价评估方法研究 [J]. 自然灾害学报 (3): 195–199.

殷杰, 尹占娥, 许世远, 等, 2009.上海市灾害综合风险定量评估研究 [J]. 地理科学, 29 (3): 450–454.

尹占娥, 许世远, 殷杰, 等, 2010.基于小尺度的城市暴雨内涝灾害情景模拟与风险评估 [J]. 地理学报, 65 (5): 553–562.

于永, 2004.内蒙古牧区雪灾的特点与抗灾的思考 [J]. 内蒙古师范大学学报 (哲学社会科学版), 33 (4): 21–25.

曾令峰, 1996.广西沿海台风灾害风险评估初探 [J]. 灾害学, 11 (1): 43–47.

张继权, 李宁, 2007.主要气象灾害风险评价与管理的数量化方法及其应用 [M]. 北京: 北京师范大学出版社.

周陆生, 李海红, 汪青春, 2000.青藏高原东部牧区大暴雪过程及雪灾分布的基本特征 [J]. 高原气象, 19 (4): 452–458.

BENJAMIN L P, 2002.Indirect effects in aquatic ecotoxicology: implications for ecological risk assessment [J]. Environmental Management, 29 (3): 311–323.

BLAIKIE P, CANNON T, DAVIS I, et al., 1994.Risk: natural hazard, people's vulnerability and disasters [M]. London: Routledge.

BRABB E E, PAMPEYAN E H, BONILLA M G, 1972.Landslide susceptibility in San Mateo County, California [J]. Miscellaneous Field Studies Map.

IPCC, 2007. Climate change 2007: the physical science basis, contribution of working group to the fourth assessment report of the intergovernmental panel on climate change [M]. New York: Cambridge University Press.

ITC, 2009. Multi－hazard Risk Assessment [R]. Bangkok: 253-265.

IWASA Y, HAKOYAMA H, NAKAMARU M, et al., 2000. Estimate of population extinction risk and its application to ecological risk management [J]. Population Ecology, 42 (1): 73-80.

MAKREY A, 1989.Disaster mitigation: a community based approach [J]. Oxford England Oxfam.

QIN D, LIU S, LI P, 2006.Snow cover distribution, variability and response to climate Change in western China [J]. Journal of Climate, 19 (9): 1820-1833.

RYAN S K, RICHHARDSON C J, 2003.Integrating bioassessment and ecological risk assessment: approach to developing numercal water-quality criteria [J]. Environmental Management, 31 (6): 795-809.

SMITH K, 1996.Environmental hazards: assessing risk and reducing disaster [M]. New York: Routledge.

TOBIN G A, MONTZ B E, 1997.Nature hazards: explanation and inte-gration [M]. New York: The Guilford Press.

VIETOR B S, 2002.Applyling ecological risk principles to watershed assessment and management [J]. Environmental Management, 29 (2): 145-154.

WEYERS A, SOKULL-KLUTTGEN B, KNACKER T, et al., 2004.Use of terrestrial model ecosystem data in environmental risk assessment for industrial chemicals, biocides and plant protection products in the EU [J]. Ecotoxicology, 13: 163 - 176.

第三章 矿产开采对草原景观及
土壤重金属的影响
——以锡林浩特市为例

第一节 引言

一、研究目的与意义

1. 研究目的

本研究利用 TM 遥感数据、Worldview 遥感数据以及 GF（高分）遥感数据，充分地分析并揭示了近 20 年锡林浩特全境草原矿区的数量、面积和类型的动态变化以及景观格局的动态变化；分别选择煤矿、萤石矿和锡多金属矿三个典型矿区，分析研究了相同典型矿区不同缓冲区内的景观格局动态变化以及不同矿区相同缓冲区的景观格局对比；分别对煤矿和萤石矿不同土层土壤重金属及其分布特征进行分析。通过对典型矿区不同景观的动态变化以及其他景观指数的定量分析，探讨锡林浩特市矿产开采对典型草原矿区景观的变化以及草原景观的变化趋势。为当地合理利用草地资源、有效治理生态环境以及走可持续发展道路提供一定参考和借鉴；通过对两种不同类型的典型矿区缓冲区内土壤重金属的分布特征进行分析，并对缓冲区内土壤重金属进行来源的探讨，为当地草原矿区重金属污染的治理以及合理开采矿产制定相关政策提供参考和依据。

2. 研究意义

我国矿产资源类型丰富，分布广泛，大部分矿产资源主要分布在干旱、半干旱，生态环境脆弱的地区。内蒙古矿产资源类型在北方非常丰富，目前世界上已查明的 140 种矿产资源中，内蒙古就占 128 种。其中，锡林郭勒盟已发现矿产 80 余种，探明储量的矿产有 30 多种，包括煤矿、石油、铜、锌、铅、铁、钨、银等。其中煤矿储藏十分丰富，其他矿产也相当可观（程若坤等，2007）。矿产开采已经成为带动当地经济增长的主要方式之一。矿产的不断开采为当地带来了经济增长，也给当地的草地生态环境和草原上居民生活带来了严重的破坏和影响（何春萌，2013）。

草地作为我国最重要的自然资源之一，是畜牧业发展的重要基础，是牧民生产、生活的重要经济来源基础（柴军，2008）。并且，草地作为我国最大的陆地生态系统，在保护生态环境、美化环境、保持水土等方面有着不可替代的作用。由于经济利益等因素的趋势，致使对草地无节制地利用和不断地开采矿产，最终导致整个草地生态系统的退化或丧失。其中，矿产开采引起的草原生态问题主要包括对草地景观的破坏。草地植被的破坏最终导致的草地景观被破坏而不再完整，使得草地生态系统的植物多样性和生物多样性降低，物种结构和土壤结构的改变（刘晨，2015）。对草地生态系统的破坏主要表现在大规模的开矿，这势必会占用大量的草地，从而导致植被死亡，造成水土流失以及草原的退化和沙化（许志信和李永强，2003）；影响地下水和地表水，使得地下水水位下降，地表水受污染等，从而影响当地居民的健康和生活（钟佐燊等，1999）；对土壤的影响主要表现在对矿区周边土壤重金属的影响，致使草原植被生境改变，从而影响植被的正常生长（李超等，2016）。对地质环境的影响主要表现为矿产开采后留下巨大矿坑，有些地方还会出现地陷、地裂和地面沉降等地面变形的情况。从而使得植被非正常生长，导致大面积的植被破坏（孙博，2016）。其中，矿产开采对草地最为直接的破坏方式主要有三种，分别为挖损、压扎和占用。挖损主要表现为露天矿产开采过程中对草地大规模的挖损后留下的深且大的采坑，这些采坑破坏了原有草地面貌，并对原来草地生态系统造成了不可逆转的破坏，影响了原有草地生态系统的物质循环、能力交流以及信息传递等功能。压扎主要表现为矿产开采后留下的废弃物直接堆放到草地上，形成占地面积较大的排土场以及由于矿产运输需求新建道路等对草地生态系统造成的破坏。占用则主要表现在原有草地被工矿仓储、选煤厂、工人住宿区、排土场道路、其他附属场地以及开矿引起的建筑用地搬迁、扩张和其他建设用地的占用（战甜等，2017）。

草原作为一种土地类型，是指草和其着生的土地共同构成的自然综合体（豆存艳，2012），土地是植被生长的重要环境，矿产开采在对植被影响的同时，势必会对矿区一定范围内的土壤造成影响。矿产开采对矿区土壤的影响主要表现在对矿区土壤的扰动、土壤表层的破坏以及土壤受重金属的污染等方面（白建峰等，2004）。特别是土壤重金属污染，一方面影响着当地动植物正常发育和生长以及人类健康，另一方面土壤重金属的改变引起了草地植被生境的改变，从而进一步影响植被生长，导致草地遭受破坏。

目前对矿区景观的研究主要集中在对各类景观变化的综合分析，而对草原矿区景观的变化研究很少，对典型矿区不同缓冲区内景观变化的研究更是凤毛麟角。结合典型矿区缓冲区景观和土壤的研究更是少之甚少，本研究在研究锡林浩特市全境草原开矿动态的基础上，对典型矿区景观及土壤重金属分布进行研究，从而得出草原开矿对草地景观格局的影响以及典型矿区土壤重金属的空间分布特征。

二、国内外研究进展

1. 草原景观研究进展

国内外众多学者通过研究一致认为，矿产的开采势必会给矿区以及矿区周边的景观、土壤、植被以及居民的生活带来一定的影响。对草原矿区景观的研究则是以景观生态学为基础，研究矿区自然景观的一种应用。景观生态学是一门生态学与地理学有机融合的学科，主要研究对象为景观结构、功能和动态特征（李景平等，2006）。草地作为我国陆地生态系统中最大的生态系统，是人类生存环境最重要的资源之一，能够起到调节人类活动与生态平衡的作用（郑海朋等，2017）。其对我国经济、资源可持续发展以及生态环境的保护和利用有至关重要的作用。随着研究方法的不断发展，景观生态学为景观类型格局变化以及大尺度景观动态的研究提供了新的研究方法，特别是 GIS 和 RS 的发展更为景观生态学的发展及研究提供了重要技术支撑（张宏斌等，2009）。景观的格局变化研究主要借助对相关的斑块指数、景观指数的研究分析来实现（郭晓妮等，2016）。国内外学者对不同的景观进行了大量的研究。

首先，2000 年初基于"3S"技术并结合地面实地调查对锡林郭勒草原近 40 年的草原景观动态进行了研究。研究指出，草原景观在结构上发生了明显变化，景观的连续性被打破，景观的破碎度明显增加，且景观整体复杂化、异质性的和不连续性增强（刘桂香，2003）。在对内蒙古达尔罕茂明安联合旗草地景观的格局动态进行分析时，应用了遥感、地理信息系统及地面调查数据，并结合了景观生态学的原理与方法，研究了该区域 20 世纪初中期到 21 世纪初的景观变化，发现草地、林地和水域的面积、景观的斑块数量在减少，景观的破碎度在降低、斑块形状更加规则，草地沙漠化加剧（王安琪等，2009）。利用"3S"技术，在野外实地调查的基础上对伊敏煤矿景观方面的相关研究和分析，发现从 1975 年开始到现在，草地的覆盖率下降，面积减少。工矿仓储景观及住宅景观的面积明显增加，且整个景观更为破碎化，矿区周边草地景观优势度下降，景观复杂程度加大（王蓉等，2013）。在对锡林浩特市周边矿区的景观格局进行研究时，发现 2010—2011 年景观的类型、斑块数目增多，草原景观面积减少，工矿业景观面积增加；整个研究区域内的景观多样性增加、丰富度变大、破碎度增大，均匀度和连续性下降，最终导致景观的复杂程度提高（苏楞高娃等，2013）。利用"3S"技术对黑岱沟露天矿区景观进行了研究，结论为 20 多年间草地和耕地的面积在不断减少，工矿仓储景观及住宅景观的面积增加明显，表明开矿会对景观格局的变化产生重要影响（康萨如拉等，2014）。利用 ArcGIS 软件和 Fragstats 软件对呼伦贝尔草原移民露天煤矿的 3 期 TM 影像进行了解译研究并得出以下结论：研究区草地面积下降，主要转移为住宅地和工矿地，由于矿产资源的开采，从而导致景观中各斑块数目增多，分布均匀化，景观的破碎度变大，景观的优势度降低（郭美楠，2014）。

　　国外学者同样对各种景观进行了很多研究。例如 Houghton 等（1991）对拉丁美洲 1850—1985 年的森林景观格局变化进行了研究发现，在这期间森林景观逐渐被农田景观所代替。Thibault 等（1994）对湿地景观的变化进行了分析并发现在 63 年间，土地的利用从集约式的农田景观逐渐向城市景观过度。Weber 等（2001）利用 GIS 建模分析法研究了景观格局变化对土地利用变化的响应，研究发现，森林景观的面积在急剧下降，而草原景观的面积有所增加。研究人员借助 GIS 技术对美国凤凰城景观格局时空变化进行了研究，结果表明从 1912—2000 年，沙漠景观所占面积最大，但其面积在持续下降，市区等其他碎片先上升然后急剧下降（Sha and Tian，2010）。

从国内外学者对景观的研究中发现，"3S"技术不仅可以使用在大尺度的时间和空间景观研究中，同时可以应用到各类景观的研究上。可以很好地适用于对矿区景观的研究。

2. 矿区土壤重金属研究进展

矿产资源的开采对矿区土壤的影响主要表现为三个方面：分别是在对开矿区土壤的扰动、对开矿区表层土壤的碾压和破坏以及对矿区周边土壤中重金属的污染。其中，矿区周边土壤重金属的污染会对当地牧民生产、生活等会造成很大的影响。

重金属是指原子密度大于或等于 $5g/cm^3$ 的一类金属元素，目前世界上发现的重金属元素有 40 种之多，而有些轻金属元素和一些非金属元素因其具有毒性也被列为重金属的范畴，如铍（Be）、砷（As）、硒（Se）、汞（Hg）等（俞佳锋，2014）。土壤中的重金属元素可以分为对人类和牲畜有害的和一定范围内对人体有益，超过该范围对人类或动植物有害的。对人类和牲畜有害的包括镉（Cd）、铅（Pb）和汞（Hg）等，而在一定范围内对人体或作物有益的元素，而过量时才会造成危害的元素包括铬（Cr）、铜（Cu）、锌（Zn）和锰（Mn）等（Dinelli and Tateo，2001）。

矿产开采活动是土壤重金属受污染的重要来源之一（Ferreira et al.，2004），针对于此，国内外的学者对开矿所引起的土壤重金属污染做了大量的研究。首先，我国学者李倩等对北京密云水库上游金矿矿区周边的土壤重金属的来源、含量以及污染进行了研究和分析，研究结果为，除 As 以外其他各重金属的平均含量均比北京市土壤元素的背景值要高，且 Cu、Cd、Pb 和 Hg 的污染较为严重；污染的主要来源是矿产开采和运输过程中造成的，并且会受到人为活动的显著影响（李倩等，2013）。金姝兰等对江西省龙南县典型稀土矿矿区周边土壤进行了研究，研究结果为，矿区周边土壤中的稀土元素超过江西省当地背景值的 4 倍多，超过全国土壤稀土元素含量背景值的 5 倍之多（金姝兰等，2014）。陈三雄等研究人员对广东大宝山矿区内的土壤重金属进行了研究，认为Cd 和 Cu 对矿区内的土壤的污染最为严重（陈三雄等，2012）。高彦鑫使用模型的方法对北京市密云水库上游矿区内土壤中的重金属进行调查研究，研究发现矿区内大部分土壤中所含重金属超出了北京市土壤的背景值（高彦鑫，2012）。刘芳等分析了准东露天煤田周边土壤重金属污染并对风险进行了评价，发现研究区土壤重金属潜在生态风险较高，并已受到了 Cr、Hg 和 As 的污染。其中 Hg 的污染程度最高（刘芳等，2015）。我国将统计学用于重金属方面的研究是从 20 世纪末期开始。其中，有研究人员将经典的统计学方法和地统计学方法相结合运用到对深圳地区土壤中 Hg 在不同种类土壤中的含量及污染状况的研究中，并且对比分析了不同种类土壤中 Hg 含量的差异和空间结构特征（杨勇，2016）。刘硕等采用 GIS 技术研究了山东省龙口市北部的煤矿矿区土壤中 Cd、AS、Ni、Pb 和 Cr 5 种重金属元素的空间分布特征，掌握了矿区不同区域土壤重金属的污染水平（刘硕等，2016b）。黄兴星（2012）等在对北京市密云水库上游的金铁矿区的研究中运用地积累指数法分析了 2 种土壤重金属的污染特征并进行了对比研究分析，分析结果表明，金铁矿区的土壤中重金属的污染程度已非常严重，除 As 以外的其他重金属含量均明显高于北京市土壤重金属的背景值（黄兴星等，2012）。

国外学者 Szcaepanska（1987）等在对煤矿进行研究时提出矿区堆放的煤矸石会对周围土壤造成显著的重金属污染（Szczepanska and Twardowska，1987）。Lottermoser（1999）等对澳大利亚新南威尔士州的铜矿区的土壤环境进行调查并发现，矿区土壤重金属含量明显地高于当地土壤的背景值（Lottermoser et al.，1999）。在此之后，Jung 对 Au-Ag 矿区周边的土壤重金属进行了调查及研究，并且使用综合污染指数对矿区的土壤重金属进行了污染状况的评价，结果为矿区附近的土壤污染指数大于 1.0，这就说明矿产开采对矿区周边地区的土壤造成了一定的污染（Jung, 2001）。国外学者在运用统计学对土壤研究的基础上，使用 GIS 的相关技术，对研究区的土壤重金属空间分布进行了大量的研究。其中，White（1997）等在美国运用地统计学半方差分析法，研究了土壤中 Zn 含量的空间分布，并且利用 GIS 技术中的高斯克里格插值法绘制出美国土壤中 Zn 含量的分布图（White et al., 1997）。Facchinelli（2001）等利用空间分析的方法对意大利皮埃蒙特地区的土壤重金属的来源进行了研究，并且成功地解译了研究区土壤重金属的来源，土壤中 Cr、Co 和 Ni 的分布与土壤母质有密切关系。其中与人类活动关系较为密切的三种元素为 Cu、Zn 和 Pb，临近公路、城镇和工厂等区域的污染程度较高（Facchinelli et al., 2001）。对于污染评价，Rieuwerts 和 Farago（1996）采用单因子污染指数法对捷克 Pribram 采矿区和冶炼区表层土壤中 Hg 含量进行了研究，研究得出该区域表层土壤中重金属 Hg 的含量范围为 0.07 ~ 2.32mg/kg，几何平均值为 0.36mg/kg，冶炼区表层土壤中的 Hg 要高于采矿区（Rieuwerts and Farago, 1996）。有学者对伊朗中部伊斯法罕省 23 个城市土壤重金属（As、Cd、Co、Cr、Cu、Ni、Pb 和 Zn）的含量进行了研究，结果表明，As、Cd、Cu、Pb 和 Zn 的浓度高于当地背景值。此外，高度污染的城市主要受交通、工业和沙哈铜铅锌矿的污染影响（Rastegari Mehr et al., 2017）。Dankoub 等研究了伊斯法罕地区土壤重金属的空间分布，城市和工业用地中的土壤重金属含量较其他用地要高。且 Cu 以及 Zn 元素的来源主要受到人类活动的干扰，而 Ni、Cr 和 Co 则主要受研究区自然资源的影响（Dankoub et al., 2012）。

综上可知，矿产资源在开采的过程中不仅会对矿区的景观造成影响，同时会对矿区周边的土壤造成一定的影响。开矿对土壤的影响主要表现在对各类土壤重金属污染方面的影响。

三、研究区概况

1. 地理位置

锡林郭勒盟位于内蒙古中部，是我国北方重要的生态屏障，而锡林浩特市位于锡林郭勒草原腹地，地处北纬43°02′~44°52′，东经115°13′~117°06′，下辖7个街道、1个镇、3个苏木。东西南北4个方向分别与西乌珠穆沁旗、阿巴嘎旗、正蓝旗、东乌珠穆沁旗相邻。总面积为1.48×10⁵km²。地势南高北低，南部为低山丘陵，北部为平原。市境内南北距离207km，东南距离143km。其中所选典型矿区的地理位置为北纬43°58′~44°09′，东经116°05′~116°20′。

2. 气候及水文特点

锡林浩特市地处蒙古高原，属于中温带半干旱大陆性气候，冬季严寒且漫长，夏季炎热且干旱少雨，春秋两季多风少雨（佟斯琴等，2016），平均海拔988.5m，年平均降水量294.9mm，且降水主要集中在每年的7—8月。年际和昼夜温差较大。年均气温1.7℃，无霜期为110d。该地区多风，且夏季东南风居多，冬季西北风居多。

锡林浩特市境内水域属内陆水系，境内主要河流为锡林河，除河流为锡林河流域外，其他地表水均为季节性水域，常年及季节性湖泊共18个。锡林河从北到南贯穿于锡林浩特市市区，总长268km，流域总面积约为9 804.34km²。该区域由于不同的地形地貌和不同的地质结构、构造的影响，地下水分布不均匀，差异很大。水资源人均占有量少。

3. 植被及土壤特点

锡林浩特市主要土壤类型为栗钙土，南部有风沙土，北部有黑钙土分布，并伴有盐土、碱土、沼泽土以及草甸土等类型，草原类型齐全，包含草甸草原、典型草原和沙丘沙地草原（孙改清等，2016)。由于利用不合理，导致南部土地沙化，西北部盐碱化严重。以丛生禾、根茎禾草为主要植被，包括大针茅、羊草和克氏针茅等，局部退化草地有小叶锦鸡儿等灌木丛，南部沙地主要植被为散生榆、沙蒿灌丛以及天然灌木柳。

4. 矿产资源状况

锡林浩特市已经发现的矿产资源有煤炭、石油、油成气、铬、铁、锡、铜、锌、钨、镁、金、银、萤石、芒硝、橄榄石、石墨、水泥灰岩等 30 余种矿产资源。煤矿的开采潜在价值为 2 831.35 亿元，占全市矿产资源开采总价值的 98.01%。其中，胜利煤矿含煤面积 342km²，包含褐煤资源和长焰煤资源，共探明储量 224.42 亿 t，毛登牧场锡多金属矿总储量 57.79 万 t，萤石矿总储量 34 万 t。

四、研究内容

本研究主要包括以下研究内容。

一是分析并研究近 20 年来锡林浩特市开矿类型、数量和面积的动态变化，矿产的时空分布特征以及景观类型的时空转移。并分别从斑块水平和景观水平上对草原景观格局进行了研究。

二是分析并研究 2009—2015 年煤矿、萤石矿和锡多金属矿三类典型矿 10km 缓冲区内的景观时空动态变化。

三是分析并研究 2009 年、2015 年煤矿、萤石矿和锡多金属矿不同典型矿景观格局变化。

四是分析并研究 2015 年典型矿缓冲区内土壤重金属分布特征及来源。

五、研究方法与技术路线

1. 研究方法

(1) 以 1995 年、2005 年和 2015 年遥感影像为主要遥感信息源，对矿区信息进行遥感解译，结合地面实地调查，从锡林浩特市矿产资源的数量、类型和面积的动态变化，矿产资源的时空转移，矿产资源景观格局动态变化三个方面对锡林浩特草原矿区景观格局的变化及对草原景观的影响进行研究。

（2）利用对 Worldview 和 GF 影像，对煤矿、萤石矿、锡多金属矿三个典型矿区 10km 缓冲区的景观格局进行解译分析。研究矿区中心向外扩散 10km 范围内的景观动态变化规律，同时对三类矿区景观进行对比分析，揭示不同矿区对锡林浩特市草原的影响。

（3）选择典型煤矿和萤石矿，以矿坑为中心、以同心圆向外扩散的方式从矿区东南、西南、东北和西北四个方向进行不同层不同距离土壤采样，带回室内进行土壤重金属分析，对典型矿缓冲区内土壤重金属分布规律进行研究。并使用统计学的方法对矿区缓冲区内土壤重金属的来源进行分析研究。

2. 技术路线

技术路线详见图 3-1。

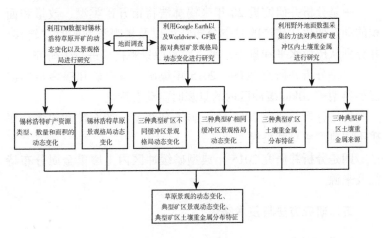

图 3-1　技术路线

第二节 草原开矿对锡林浩特草原 总体景观的影响

锡林浩特市位于内蒙古中部，作为我国典型的草原景观城市的同时也是一座资源型城市。对我国生态环境保护、资源的战略发展以及经济的发展均起到重要的作用。近些年来，随着全球气候的不断变化和人类活动的加剧使得草地生态环境不断朝着恶化的方向发展。特别是草地景观受到大规模破坏。而人类各项活动中矿产不合理开采对景观的影响是不容忽视的（杨霞等，2015；关春竹等，2017）。特别是近 20 年来矿产开采对锡林浩特草原景观的破坏非常严重，故对近 20 年来锡林浩特市矿产开采进行研究。

一、数据来源

本研究的主要遥感数据来源为：1995 年、2005 年、2015 年轨道号为 124/29、124/30、125/29、125/30 共 12 景 TM 遥感影像。以锡林浩特市开发利用与保护图(1∶650 000)、锡林郭勒盟矿山环境治理与保护规划图 (1∶650 000)、草地资源图 (1∶4 000 000)作为补充信息。

二、研究方法

选取 1995 年、2005 年和 2015 年 3 期共 12 景 TM 遥感影像并结合 Google Earth 高清影像及地面调查，利用 ArcGIS 10.3 以及 ENVI 4.8 等相关软件，使用人工目视解译和监督分类对其进行解译并分析，将解译结果分为 8 类景观类型最终形成分类图。利用分类的结果对锡林浩特市全境矿区进行研究分析。

根据锡林浩特草原的自然特征以及整个生态系统的变化，既包含自然景观的变化又有人类活动形成的景观，所以将锡林浩特草原分为以下 8 种景观类型：草地，天然牧草地以及除其他景观外的用地；水域，主要指自然形成或人工的河流、湖泊以及水利设施等；沙地，主要指较为明显的沙地；盐碱地，土壤中盐碱超标而引起植被不能正常生长的土地；矿区，主要指各类工矿企业、仓储及其附属设施；建筑用地，主要指城镇及乡村苏木成片的居民点；耕地，指人工开垦耕种的农业用地；道路交通用地，主要包括较明显的国道、省道以及乡镇道路（庞立东和刘桂香，2010）。

由于景观指数对景观格局中的信息进行了高度的浓缩，所以可以反映景观的结构组成和空间配置特征（邬建国，2007），故用其对景观格局进行描述非常必要且具有代表性。分别从斑块和景观两个不同级别上共选取了 7 个指数。斑块级别上选取的指数有斑块面积（CA）、斑块类型百分比（PLAND）、斑块数（NP）以及破碎度（M），景观级别上的指数为香农多样性指数（SHDI）、景观优势度指数（D）和斑块数（NP）。

斑块面积（CA）：指某一类型斑块的总面积，度量的是景观的组分，也是计算其他指标的基础，单位为公顷（hm²）。

斑块类型百分比（PLAND）：某一类型斑块的面积之和占整个景观面积之和的百分比，可以用来说明斑块在整个景观中的影响程度，也是确定优势景观的依据之一。其公式为：

$$\text{PLAND}(\%) = \frac{\sum_{j=1}^{n} a_{ij}}{A}(\times 100)$$

式中，a_{ij} 为第 i 类景观中第 j 块斑块的面积；A 为景观总面积。

斑块数（NP）：在斑块水平上等于景观中某一斑块类型的个

数之和，不仅可以反映景观的空间格局，而且可以用来描述景观的异质性，并与破碎度有较好的正相关性。

香农多样性指数（SHDI）：该指标能反映景观异质性，在比较和分析不同景观或同一景观不同时期的多样性与异质性变化时，SHDI 是一个敏感指标，与景观多样性呈正比（王新明等，2006），其公式为：

$$SHDI = - \sum_{i=1}^{m} (P_i \times \ln P_i)$$

式中，P_i 为景观斑块类型 i 所占据的比率。

景观优势度指数（D）：是多样性指数的最大值与实际值的差值，其公式为：

$$D = H_{max} - \sum_{i=1}^{m} (P_i \times \ln P_i)$$

式中，H_{max} 为多样性指数的最大值。

三、结果与分析

1. 近 20 年开矿类型、数量和面积的动态变化

表 3-1 是 1995—2015 年 20 年间矿区类型、数量和面积统计表，从表中可以得出 1995 年锡林浩特市有矿区类型为 7 种，矿区总个数为 10 个，增幅为矿区总面积为 47.79km²。其中，数量和面积排在第一位的是芒硝矿，其面积为 26.51km²，面积占矿区总面积的 55.47%，数量为 4 个，数量占比为 40%。排在第二位的是选煤厂，面积为 17.65km²，占矿区总面积的 36.93%。第三位为煤矿，面积为 1.66km²，占矿区总面积的 3.47%。水泥灰岩面积最小，其面积为 0.16km²，占矿区总面积的 0.34%。矿区数量上芒硝矿仍然为第一，数量为 4 个。其他类型矿数量均为 1 个。

表 3-1　1995—2015 年草原矿区信息统计

年份	编号	矿区类型	面积（km²）	面积增幅（%）	数量（个）	数量增幅（%）	类型增幅（%）
1995	1	芒硝矿	26.51		4		
	2	铬矿	1.07		1		
	3	铬铁矿	0.28		1		
	4	水泥灰岩	0.16		1		
	5	选煤厂	17.65		1		
	6	锡多金属矿	0.46		1		
	7	煤矿	1.66		1		
	总计		47.79		10		
2005	1	芒硝矿	26.46	-0.19	4	0	
	2	铬矿	1.06	-0.93	1	0	
	3	铬铁矿	0.48	71.43	2	100	
	4	水泥灰岩	1.95	1 118.75	5	400	
	5	选煤厂	18.51	4.87	1	0	28.57
	6	锡多金属矿	1.09	136.96	1	0	
	7	煤矿	8.97	440.36	2	100	
	8	萤石矿	1.27	100	1	100	
	9	黏土矿	0.08	100	2	100	
	总计		59.87	1 971.25	19	800	

（续表）

年份	编号	矿区类型	面积 （km²）	面积增幅 （%）	数量 （个）	数量增幅 （%）	类型增幅 （%）
	1	芒硝矿	23.28	-12.02	4	0	
	2	铬矿	0.48	-54.72	1	0	
	3	铬铁矿	0.83	72.92	5	150	
	4	水泥灰岩	1.84	-5.64	6	20	
	5	选煤厂	18.12	-2.11	1	0	
	6	锡多金属矿	1.21	11.01	1	0	
2015	7	煤矿	71.11	692.75	5	150	33.33
	8	萤石矿	1.8	41.73	2	100	
	9	黏土矿	0.78	875	4	100	
	10	水泥厂	0.7	100	1	100	
	11	铜矿	0.02	100	1	100	
	12	工矿用地	0.85	100	1	100	
	总计		121.02	1 915.92	32	820	

与1995年相比，2005年锡林浩特市矿区类型从7种上升为9种，增幅为28.57%。总个数从10个增加到19个，增幅为90%。总面积从47.79km²上升到59.87km²，增幅为25.28%。萤石矿和黏土矿两类矿为新增矿区。面积排在前三位的仍然为芒硝矿、选煤厂以及煤矿。其中，芒硝矿面积为26.46km²，降低了0.19%，选煤厂面积为18.51km²，增加了4.87%，煤矿面积为8.97km²，增加了400.36%。黏土矿面积最小，其面积为0.08km²。数量最多的是水泥灰岩，个数为5个，增幅为400%。芒硝矿排在第二位，个数为4个，数量未变化。黏土矿、煤矿和铬铁矿数量并列第三，个数为2个，增幅均为100%。与1995年相比增加面积增幅最大的为水泥灰岩，增幅为1 118.75%，排在

第二位的是煤矿，增幅为 440.36%，排在第三位的为锡多金属矿，增幅为 136.96%。数量增加最多的是水泥灰岩，其增幅 400%。

2015 年该地区矿区类型从 2005 年的 9 种增加至现在的 12 种，增幅为 33.33%。总个数从 19 个增加为 32 个，增幅为 68.42%。总面积从 59.87km^2 增长为 121.02km^2，增幅为 102.14%。煤矿在所有矿区类型中面积最大，高达 71.11km^2，其增幅为 692.75%。芒硝矿的面积第二大，其面积为 23.28km^2，减少了 12.02%。选煤厂面积占到第三位，占地面积 18.12km^2，面积减少 12.11%。新增的铜矿面积排在最后，面积为 0.02km^2。水泥灰岩的数量最多，为 6 个，增加了 20%。煤矿和铬铁矿并列排在第二位，数量为 5 个，均增加了 150%。芒硝矿和黏土矿并列第三，个数为 4 个。其中黏土矿增加了 100%，而芒硝矿数目未变。选煤厂面积与 2005 年相比变化不明显，占比有所降低。面积增幅第一的为黏土矿，增幅为 875%，第二位为煤矿，增幅为 692.75%，水泥厂、铜矿以及工矿用地为新增类型，其增幅排在第三位，增幅为 100%。选煤厂、水泥灰岩和芒硝矿面积减少，分别减少了 2.11%、5.64%和 12.02%。面积降幅最大的为铬矿，降低了 54.72%。

2. 近 20 年矿产的时空分布特征

从表 3-2 中可以看出锡林浩特市整体为草原景观，过去 20 年间锡林浩特市草原景观面积减少，破碎化程度加深。矿区景观数量增多，面积增加，周边盐碱化加重，且主要分布在锡林浩特市中西部。多数矿区位于锡林河流域周边，锡林河流域水域减少，盐碱化程度加深。矿区的不断增多，成为草地面积减少、破碎化程度加重、水域面积减少以及盐碱化加深的重要原因之一。

3. 近 20 年景观类型转移矩阵分析

转移矩阵对反映景观类型之间的相互转换情况是一种非常直观且有效的方法（冯雨林等，2016）。由表 3-2 可以看出，1995—2015 年所有景观转化为矿区景观的总面积为 120.13km²，主要来源是草地景观和原有矿区自身扩建。其中，有 81.25km² 的草地景观转化矿区景观，而矿区自身扩建面积占 37.91km²，这说明近 20 年来不断出现新开采矿区，并对草地景观造成很大破坏。由草地转换为建筑用地的面积为 95.6km²，转化为交通用地的面积为 12.13km²。说明随着矿产资源的开采以及城市化进程加速，导致建筑用地和交通用地增多。沙地景观和盐碱地景观的面积共减少 147.9km²。沙地和盐碱地占用草地的面积在减小，但矿区占用草地景观的面积显著增加。草地转化为水域的面积为 7.55km²，而由水域转化为草地的面积为 47.39km²，这就说明地表水面积在不断缩小甚至有些地表水已经消失。耕地面有所减少。由上述分析可知，近 20 年来新开采矿区不断增多，矿区面积变大，并对草地景观造成破坏，草地景观面积下降。沙地景观、盐碱地景观以及水域景观对草地的占用面积减小，矿区占用草地面积增大。

表 3-2　1995—2015 年研究区景观类型转移矩阵

景观类型	草地	建筑用地	耕地	交通用地	矿区	沙地	水域	盐碱地	1995 年
草地	12 364.93	95.6	64.49	12.13	81.25	159.96	7.55	209.38	12 995.29
建筑用地	1.52	28.8	0	0.01	0	0.14	0	0	30.47
耕地	86.57	3.2	122.15	0.22	0.76	0.77	0	0.25	213.92
交通用地	1.95	0.1	0	2.68	0.00	0.02	0	0.02	4.77
矿区	4.28	2.39	0	0.03	37.91	0.01	0	2.69	47.31
沙地	249.55	0.54	0.4	0.5	0.17	284.35	0.12	0.39	536.02
水域	47.39	0.03	0.16	0.1	0.04	0.64	29.45	165.99	243.8
盐碱地	267.69	0.84	0.59	0.43	0	6.6	0.05	263.77	539.97
2015 年	13 023.88	131.5	187.79	16.1	120.13	452.49	37.17	642.49	14 611.55

4. 斑块水平景观指数变化

不同类型景观的面积可以用来衡量整体景观的组成成分，斑块数目可以用以描述景观的破碎度，其与景观的破碎度有很好的相关性（庞立东和刘桂香，2010）。

结合表 3-3 可以得出，锡林浩特草原近 20 年间，矿区景观的变化十分剧烈。矿区总面积不断增加，面积占比升高，尤其在 2005—2015 年 10 年间更是成倍增长；斑块数量显著增加，其增长速率几乎均达到一倍。矿区景观破碎度不断变大，说明近 20 年间随着人口的增多，经济的增长以及人类对矿产资源的需求均在不断加大，从而导致对矿产资源开采力度的加大，矿区的分布范围不断扩大，新开采矿区景观不断增多。

水域面积不断减小，可以看出水域的减小主要由锡林河流域水体面积减小而引起。而主要的几个大的矿区均分布在锡林河流域周边，且逐年有扩大态势，这有可能导致该流域地下水位下降，从而导致地表水面积减小。同时，水域的破碎度还有增加的趋势，这将导致水域分布更加分散更易于消失。而另一方面随着面积的减小，破碎度的增加对其生态调节功能以及周边生物多样性势必有所影响（李洁等，2007）。

建筑用地和道路景观在近 20 年间不断增长，一部分由于城区的改建，环路增加所致。另一部分则是由于矿区开采导致矿区周边建筑用地和道路增多。

沙地景观面积呈现减小趋势，但其斑块数不断增多，破碎度逐年增大，导致该景观分布不断扩大，1995 年锡林浩特市南部部分沙化，到 2005 年南部全部沙化并向北蔓延逐渐形成沙带，再到 2015 年锡林浩特市均有沙地出现。1995—2005 年盐碱地景观的面积增加，2005—2015 年该类景观面积减小。破碎程度加重，分布范围变广。说明锡林浩特市周边草地生态功能有所下降，且沙化、盐碱化程度加重。

表 3-3　8 种景观类型格局指数比较（1995—2015 年）

类型	1995 年				2005 年				2015 年			
	CA (hm²)	PLAND (%)	NP (个)	M (个/km²)	CA (hm²)	PLAND (%)	NP (个)	M (个/km²)	CA (hm²)	PLAND (%)	NP (个)	M (个/km²)
草地	1 319 558	44.57	2 561	0.19	1 312 653	44.35	3 896	0.3	1 300 772	43.94	10 967	0.84
矿区	4 783.23	0.17	12	0.25	6 031.89	0.20	29	0.48	12 020.4	0.41	58	0.48
建筑用地	3 077.82	0.10	25	0.81	7 977.6	0.27	32	0.40	13 170.51	0.44	38	0.29
耕地	21 866.49	0.74	79	0.36	26 598.24	0.9	131	0.49	18 851.13	0.64	154	0.82
交通	503.82	0.02	3 926	779.25	1 087.83	0.04	5 188	476.91	1 614.69	0.05	7 955	492.66
水域	24 842.43	0.84	1 323	5.33	7 409.97	0.25	2 551	34.43	3 715.02	0.13	789	21.24
沙地	55 671.75	1.88	1 973	3.54	50 158.08	1.69	7 370	14.69	45 009.09	1.52	16 479	36.61
盐碱地	55 401.75	1.87	2 346	4.23	70 102.08	2.37	7 497	10.69	64 014.75	2.16	14 189	22.17

从表 3-3 中可以得出，近 20 年间，在锡林浩特市，主导景观仍然为草地景观，但其面积却在不断缩小，斑块数不断增加。其中，1995—2005 年减少 6 905hm²，2005—2015 年这 10 年间减少 11 881hm²。尤其 2005—2015 年这 10 年间，随着人类对资源需求的提高，矿区、建筑用地以及交通用地不断增加，较前 10 年间草地景观面积减少更加迅速。在其他景观均有下降的情况下，草地景观依然减少，说明这三类景观对草地影响最为强烈。在草原面积不断减小的情况下，破碎度还在不断增大，说明草地景观正在不断地遭受着破坏，如果再不加以保护，势必引起更加

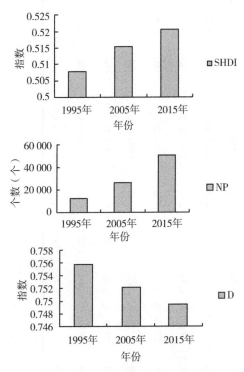

图 3-2 1995—2015 年景观异质性变化

严重的破坏。

5. 景观水平上空间异质性变化

香农多样性指数（SHDI）是一种基于信息理论的测量指数，该指标能反映景观异质性，特别对景观中各斑块类型非均衡分布状况较为敏感（Shannon and Weaver，1950）。如果在一个景观生态系统中，景观多样性越大，土地被利用得越丰富多样，SHDI的值也就越高。描述是否存在一类或几类景观为主导优势景观时，则使用优势度指数（D）。在景观水平上，1995 年锡林浩特草原的香农多样性指数为 0.507 9，2005 年增长为 0.515 5，到2015 年继续增长到 0.520 9。20 年间连续的增长说明近 20 年锡林浩特草原的景观异质性增强且其景观破碎度变大。锡林浩特草原景观水平上斑块数（NP）20 年间呈上升趋势，景观优势度（D）呈现降低趋势，说明一类或少数几类景观占主要优势地位的概率有所下降，而其优势景观可能更加破碎化。说明草原矿产开采成为导致以上现象的主要因素。

四、小结

1995—2015 年，锡林浩特市全境内矿区类型、数量以及面积均显著增加。其中，类型从 7 种增加为 12 种，增加了71.43%。数量从 10 个增长为 32 个，增加了 220%。矿区总面积从 47.79km^2 增加至 121.02km^2，增加了 154.2%。煤矿从 1995 年占地面积排名第三到 2015 年一跃成为各类矿区中面积最大的一类矿，面积为 71.11km^2。

1995—2015 年，锡林浩特市全境内矿区、建筑用地和交通景观面积增加，草地、水域景观面积减少，盐碱化程度加深。草地受矿产开采的影响加重。

1995—2015 年，锡林浩特草原的利用更加丰富，景观异质性增强且其景观破碎度变大。

第三节 典型矿区 10km 缓冲区 景观时空动态变化

由于 2005—2015 年矿区变化更为剧烈，故选取该时间段内的典型矿区进行研究。每隔 1km 对典型矿区建立缓冲区并研究在矿产开采的作用下各缓冲区内不同景观的变化具有十分重要的意义。

一、数据来源

本研究的主要遥感数据来源为：2009 年 9 月的 Worldview 遥感影像，2015 年的 GF2 遥感影像，以及地面实地调查数据。锡林浩特市开发利用与保护图（1：650 000）、锡林郭勒盟矿山环境治理与保护规划图（1：650 000）、草地资源图（1：4 000 000）作为补充数据。

二、研究方法

使用 2009 年 Worldview 遥感影像以及 2015 年 GF2 遥感影像，结合地面实地调查，选取煤矿、萤石矿和锡多金属矿三个典型矿区，以矿坑为中心每隔 1km 建立矿区缓冲区（图 3-3）。使用人工目视解译和监督分类的方法对遥感数据解译及分析。通过解译典型矿区缓冲区影像得出 10 种景观类型最终形成分类图。对同一矿区不同缓冲区内景观的动态变化以及不同矿区的景观格局变化进行研究和分析。所有景观指数均在软件 Fragstats 4.2 中进行计算。

将所选典型矿区缓冲区内不同的草原景观分为以下 10 种土地利用/覆盖类型：矿坑，地层中开采矿床或开采岩石而挖掘的露天坑；排土场，指矿山开采过程中产生的废弃物堆放的地方；

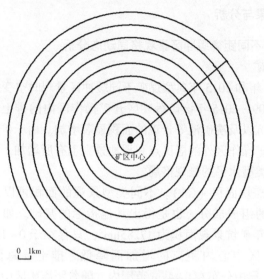

图3-3 矿区缓冲区示意

洗矿池，用来清洗对开矿原石或矿物的水域；工矿仓储，包括矿产开采过程中工人居住地、尾矿堆放地以及其他附属设备用地；道路交通用地（交通），主要包括较明显的国道、省道以及乡镇道路；建筑用地，主要指城镇及乡村苏木成片的居民点以及矿区周边工人居住地；裸地，包含盐碱地、沙地以及其他未被植被覆盖的用地；水域，主要指自然形成或人工的河流、湖泊以及水利设施等；草地，天然牧草地；耕地，指人工开垦耕种的农业用地（庞立东和刘桂香，2010）。

分别从斑块和景观两个不同级别上共选取了5个指数。斑块级别上选取的指数有：斑块面积（CA）和斑块数（NP），景观级别上的指数为香农多样性指数（SHDI）、景观优势度指数（D）和破碎度（M）。各指数详细信息见第二章。

三、结果与分析

1. 矿区不同距离缓冲区景观格局动态分析

（1）煤矿

从 2009 年和 2015 年典型煤矿不同缓冲区景观时空变化可以看出，从 2009—2015 年该矿缓冲区开矿操作区内的排土场、工矿仓储、矿坑以及洗矿池等景观的面积显著增加。由于矿产的不断开采，开矿操作区外的居民点和裸地景观也有所增加。

①斑块类型水平的景观格局。

a. 景观斑块面积（CA）。不同类型景观的面积可以用来衡量整体景观的组成成分，也是得出其他指标的基础。如表 3-4 所示，2009 年矿坑景观面积为 17. 85hm^2，只存在于 0～1km 内，且随着距矿区中心内距离的增加而降低。排土场总面积为 970. 12hm^2，集中分布在 0～4km 范围内，随着距离矿区中心距离的增加先增大后减小，且 2～3km 范围内面积最大。洗矿池景观总面积为 38. 84hm^2，集中分布在 1～2km 范围内，并且随着距矿区中心距离的增加而减少。工矿仓储景观总面积 335. 08hm^2。其中 161. 27hm^2 分布在 1～7km 缓冲区内，127. 04hm^2 分布在 9～10km 范围内，其余部分分布在 8～9km 范围内，其分布规律不明显。交通景观在 0～10km 范围内均有分布，但相对集中分布在 0～5km 的近矿区和 8～10km 范围内的近城市区。建筑用地景观面积为 142. 80hm^2，大部分集中分布在 4～8km 范围内，面积为 110. 64hm^2，并且有随着距矿区中心距离增大而增加的趋势。裸地景观总面积 1 950. 63hm^2。其中主要分布在 5～10km 范围内，并且随着距矿区中心距离增加而增大。水域景观总面积 32. 56hm^2，大部分集中分布在 9～10km 缓冲区内，说明水域在远离矿区的地方受矿产开采影响较小。

表 3-4　煤矿 10 种景观类型格局指数比较（2009 年）

类型	辐射半径											
	0~1km		1~2km		2~3km		3~4km		4~5km		5~6km	
	CA (hm²)	NP (个)	CA (hm²)	NP (个)	CA (hm²)	NP (个)	CA (hm²)	NP (个)	CA (hm²)	NP (个)	CA (hm²)	NP (个)
草地	50.96	6	553.67	8	1 137.62	242	2 035.28	371	2 654.08	452	3 096.34	609
矿坑	17.85	1										
排土场	242.34	7	339.30	16	360.07	2	28.40	2				
沉矿池			33.63	3	5.22	2						
工矿仓储			9.13	3	29.59	3	8.82	2	39.75	3	69.62	3
交通	2.85	4	6.90	14	3.99	10	6.56	8	5.50	9	4.28	7
建筑用地			0.15	27	0.25	1	37.54	3	11.10	5	6.44	3
煤地					35.13	539	83.10	767	118.96	991	237.32	1 345
水域	0.37	4	0.34	2			0.91	1			3.05	3
耕地											41.13	2

（续表）

类型	辐射半径									总计	
	6~7km		7~8km		8~9km		9~10km				
	CA (hm²)	NP (个)	CA (hm²)	NP (个)	CA (hm²)	NP (个)	CA (hm²)	NP (个)	CA (hm²)	NP (个)	
草地	3 590.55	505	4 084.12	1 003	4 462.22	1 461	4 966.39	1 581	26 631.24	6 238	
矿坑									17.85	1	
排土场									970.12	27	
洗矿池									38.84	5	
工矿仓储	4.37	2			46.77	2	127.04	2	335.08	20	
交通	4.91	8	6.37	6	12.09	24	8.83	30	62.26	120	
建筑用地	30.25	5	25.31	7	2.02	1	29.89	6	142.80	31	
裸地	263.54	1 374	278.24	1 922	492.41	1 874	441.78	1 512	1 950.63	10 351	
水域	1.98	1					25.91	1	32.56	12	
耕地	191.32	2	321.65	4	328.95	2	373.34	4	1 256.39	14	

从表 3-5 中可以看出，与 2009 年相比，2015 年草地景观面积减少为 23 808.84hm²，减少了 10.6%。矿坑景观分布范围相同，但其面积增长为 148.00hm，增加了 729%。排土场总面积增加到 1 890.54hm²，增加了 94.88%，且其主要集中分布在 0~5km 范围，并随距矿区中心距离的增加先增大后减小。洗矿池总面积增加到 67.43hm²，增加了 73.6%，分布范围不变，且面积随着距矿区中心距离的增加而减少。工矿仓储占地面积增加为 815.54hm²，增加了 143.39%。集中分布在 1~10km 范围内，其分布规律不明显。裸地、交通和建筑用地景观面积增加，且均随着距矿区距离的增加而增加。水域面积虽然略有增加，但其分布范围缩小，主要集中在 5~10km 范围内，0~5km 范围内的水域消失。

由上述描述可知，该矿 0~10km 整体缓冲区内，2009—2015 年草地面积明显减少。矿坑、排土场、洗矿池和工矿仓储景观分布范围基本不变。其中洗矿池和工矿仓储范围扩展 1km，但面积显著增加，说明矿产开采占用草地面积增多，对草地的影响加重。建筑用地和交通用地面积增加，说明随着矿产的不断开采，道路和建筑用地增多。距矿区中心 0~5km 范围内水域消失。

b. 斑块数（NP）。从表 3-4 中可以看出，2009 年该矿 0~10km 缓冲区内，矿坑全部集中在 0~1km 范围内，斑块个数为 1 个。排土场斑块总个数为 27 个，在 1~2km 范围内斑块数为 16 个，0~1km 内斑块数为 7 个，2~3km 和 3~4km 范围内最小，斑块数为 2 个。这说明排土场在 1~2km 范围内破碎度较大，分布较分散，2~3km 和 3~4km 范围内破碎度较小，分布集中。洗矿池景观总个数 5 个。其中 1~2km 范围内斑块数为 3 个，2~3km 范围内斑块数为 2 个，说明在 1~2km 范围内洗矿池景观破碎度高于 2~3km 范围内的景观破碎度。工矿仓储景观斑块总数为 20 个，在各范围内分布较均匀，各范围内斑块数均较小，说明其破

表3-5 煤矿 10 种景观类型格局指数比较（2015 年）

类型	辐射半径											
	0~1km		1~2km		2~3km		3~4km		4~5km		5~6km	
	CA (hm²)	NP (个)	CA (hm²)	NP (个)	CA (hm²)	NP (个)	CA (hm²)	NP (个)	CA (hm²)	NP (个)	CA (hm²)	NP (个)
草地	0.13	22	91.26	1 415	707.26	1 591	1 329.16	1 005	2 282.76	753	2 890.82	690
矿坑	148.00	1										
排土场	164.69	2	588.23	10	504.27	5	446.34	3	187.01	3		
洗矿池			42.45	6	24.99	6						
工矿仓储			30.74	6	43.24	11	176.48	9	134.31	7	154.91	1
交通	0.74	4	5.83	10	6.73	9	5.85	11	5.39	11	3.06	6
建筑用地					1.12	1	42.80	6	15.98	4	15.06	5
裸地	0.79	9	184.60	210	284.07	862	199.60	821	203.52	1 396	343.49	1 540
水域											7.76	5
耕地											42.66	3

（续表）

类型	辐射半径								总计	
	6~7km		7~8km		8~9km		9~10km			
	CA (hm²)	NP (个)	CA (hm²)	NP (个)	CA (hm²)	NP (个)	CA (hm²)	NP (个)	CA (hm²)	NP (个)
草地	3 401.54	585	3 966.79	869	4 388.73	1 100	4 750.42	1 223	23 808.84	9 253
矿坑									148.00	1
排土场									1 890.54	23
洗矿池									67.43	12
工矿仓储	36.14	4	43.08	3	50.70	2	145.94	11	815.54	54
交通	4.35	7	6.37	6	15.13	25	11.63	33	65.08	122
建筑用地	43.74	9	25.97	9	57.23	4	195.24	10	397.14	48
耕地	357.86	1 519	349.18	1 951	499.16	1 893	469.15	1 717	2 891.42	11 918
水域	1.98	1			3.24	1	26.04	2	39.02	9
耕地	240.76	4	323.43	5	328.95	2	373.34	4	1 309.13	18

碎度在各范围内均较低。但是总个数较多，说明在 0~10km 内分布多且分散，小范围内分布相对集中化。交通景观斑块总数为 120 个，0~5km 缓冲区内斑块数为 45 个，8~10km 范围内有 54 个，剩余 21 个分布在 5~7km 范围内。说明矿区周边和城镇周边交通用地数量较多，破碎度较大，对草地影响较大。建筑用地斑块总个数 31 个，7~8km 范围内有 7 个，9~10km 范围内有 6 个，4~5km 和 6~7km 范围内均有 5 个，0~2km 范围内未见建筑用地。说明距离矿区较远的地方更适合人类生活。水域景观斑块数共 12 个。其中 4 个分布在 0~1km 范围内，3 个分布在 5~6km 范围内，2 个分布在 1~2km 范围内，但这些区域水域面积较小，说明水域景观较为破碎化。

从表 3-5 中可以看出，与 2009 年相比，2015 年该矿矿坑景观斑块数目不变，面积增加，说明该类景观为在原有矿坑景观基础上扩建。排土场斑块总数目减少至 23 个，说明排土场景观破碎度下降，分布更为集中，且主要集中在 0~5km 范围内。洗矿池斑块总数目增长为 12 个，增加了一半多，其主要分布范围不变，由于斑块数增多，面积增加，所以新增加了洗矿池景观，对草地的占用增多。工矿仓储斑块数由 20 个增加至 54 个。其中 2~3km、4~5km 和 9~10km 范围内均有 11 个，1~2km 范围有 10 个，3~4km 范围内有 9 个，1~5km 范围内共有 41 个，说明该范围内工矿仓储景观分布广泛。交通景观斑块总数几乎与 2009 年持平，为 122 个，且仍然主要分布矿区周围和城镇周边。对矿区 0~5km 范围的草地占用最多，其次是 8~10km 范围内，5~7km 范围内排第三。建筑用地斑块总个数增加为 48 个，说明随着矿产开采的年限的增加，建筑用地在不断增多。0~5km 范围内水域景观消失，斑块数减少，集中分布在距离矿区较远的区域，说明矿产的开采对水域景观的分布有明显影响，使得距离矿区中心较近区域的水域渐渐减少到消失。

从整体上来看（0~10km），典型煤矿草地景观受矿产开采影响较为明显，2009—2015年草地面积减小，破碎度增大，连续性降低。矿坑只分布在0~1km范围内，且随着开矿年限的增加，矿坑面积增加。排土场景观主要分布在1~4km范围内。其中，1~2km范围内斑块数最多，分布最分散。2009—2015年排土场斑块数减少，破碎度降低，分布更集中。洗矿池景观斑块数增加一倍多，且增加了新的洗矿池景观，分布更为分散，使草地景观破碎度增大。工矿仓储景观斑块数明显增加，且1~5km范围内分布最为广泛。交通和建筑用地景观斑块数增多，说明新增景观树增多，且主要分布在矿区中心周围和城镇周边。水域景观斑块数减少，矿区中心周围水域消失，说明矿产开采对地表水的影响严重。

②景观水平的景观格局。

本研究在景观水平上主要从景观多样性、景观优势度以及景观破碎度三个方面对矿区的景观格局变化进行分析和研究。

a. 景观多样性研究。香农多样性指数（SHDI）在景观生态学中对景观水平上景观格局的研究应用较为广泛，其数值的大小与景观多样性以及土地利用度有很好的正相关性（Shannon and Weaver, 1950）。从表3-6中可以看出，2009年SHDI在1~10km范围内呈现先减小后增加的规律。其中，1~2km范围内最大，最大值为0.884 4，4~5km范围内最小，最小值为0.287 0。说明1~2km范围内景观多样性最大，4~5km范围内景观多样性最小。到9~10km范围内再次增大到0.661 0。2015年各缓冲区内的景观多样性指数均增加，这说明2009—2015年各缓冲区内矿区景观对草地景观的利用均增加，导致整个范围内的景观多样性变大，异质性增强。

b. 景观优势度研究。从表3-6中可以得出，2009年1~10km范围内的景观优势度指数呈现先增加后减小的趋势。其中，1~2km范围内为最小值0.545 5，4~5km范围内为最大值

0.821 8。说明 1~2km 范围内景观优势度最小，4~5km 范围内景观优势度最大。与 2009 年相比，2015 年各缓冲区内景观优势度指数均增大，说明随着开矿年限的增长，各区域的景观优势度下降，各类景观分布更为均匀化。

c. 景观破碎度研究。从表 3-6 可得，2009 年 0~10km 缓冲区内景观破碎度最大的区域为 8~9km 范围内，第二大的在 7~8km 范围内，第三大的分布在 5~6km 范围内，破碎度最小的 0~1km 范围内。2015 年景观破碎度最大的范围是 1~2km 范围内，第二大的为 2~3km 范围内，第三大的为 3~4km 范围内，破碎度最小的依然为 0~2km 范围内。与 2009 年相比，2015 年景观破碎度较大的几个区域主要在距矿区中心 1~5km 缓冲区内，且每个区域内的破碎度均大于 2009 年同区域内的景观破碎度。随着时间的推移，矿产开采使得整体景观的破碎程度更高。

表 3-6　2009—2015 年煤矿景观异质性变化

距离	2009 年			2015 年		
	SHDI	D	M	SHDI	D	M
0~1km	0.708 7	0.559 7	6.998 6	0.725 8	0.549 0	12.088 4
1~2km	0.884 4	0.545 5	7.740 3	1.122 3	0.373 6	175.695 0
2~3km	0.766 8	0.605 9	50.831 2	1.226 5	0.369 7	158.111
3~4km	0.364 3	0.812 8	52.439 6	1.140 6	0.363 4	84.309 5
4~5km	0.287 0	0.821 7	51.601 3	0.727 9	0.593 8	76.847 8
5~6km	0.440 3	0.773 7	57.024 3	0.616 1	0.683 4	65.071 0
6~7km	0.489 3	0.748 6	46.416 2	0.634 2	0.674 1	52.100 0
7~8km	0.511 7	0.682 1	62.387 4	0.602 4	0.663 8	60.299 3
8~9km	0.600 1	0.665 1	62.943 7	0.668 6	0.656 4	56.652 1
9~10km	0.661 0	0.660 3	52.501 3	0.793 6	0.592 2	50.236 5

注：SHDI 为景观指数，D 为景观优势度，M 为景观破碎度。

（2）萤石矿

从 2009 年和 2015 年典型露天萤石矿不同缓冲区景观时空变化可以看出，裸地景观主要分布与 0~5km 缓冲区范围内。从 2009—2015 年开矿操作区外围裸地和工矿仓储景观面积增加。未见耕地分布。

①斑块类型水平的景观格局。

a. 景观斑块面积（CA）。如表 3-7 所示，2009 年萤石矿草地总面积为 29 791.3hm²，矿坑总面积为 0.11hm²，全部分布在 0~1km 范围内。排土场总面积为 18.01hm²，集中分布在 0~4km 范围内，并且面积随着距矿区中心距离的增加先增大后减小。洗矿池景观总面积为 3.2hm²，全部分布在 0~1km 范围内。工矿仓储景观总面积 175.83hm²。其中，164.35hm²分布在 7~10km 缓冲区内，并且随着距矿区中心距离的增加而增加。交通景观总面积 22.35hm²。其中，0~5km 范围内分布 11.39hm²，7~10km 范围内分布 8.11hm²，剩余 2.85hm²分布在 5~7km 范围内，面积随着距矿区中心距离的增加先减少后增加。建筑用地景观总面积 29.27hm²，主要集中分布在 1~4km 近矿区和 8~10km 近城市区域。其中，1~4km 范围内分布面积 15.96hm²，8~10km 分布面积 11.27。剩余 2.04hm²分布在 5~7km 范围内。裸地景观总面积 1 158.73hm²，主要分布在 0~5km 和 8~10km 范围内，没有明显的分布规律。水域景观总面积 210.28hm²，集中分布 7~10km 范围内，说明水域在远离矿区的地方受矿产开采影响较小。

从表 3-8 中可以看出，与 2009 年相比，2015 年草地景观面积由 29 791.34hm²减少为 29 455.75hm²，减少了 1.13%。萤石矿矿坑景观面积增加明显，从 25.99hm²增加为 35.92hm²，增加了 38.2%，集中分布在 0~4km 范围内，面积随着距矿区中心距离的增加而减少。排土场总面积增加到 33.47hm²，增加了 85.79%，集中分布在 0~4km 范围内，且面积随着距矿区中心距

表3-7 萤石矿10种景观类型格局指数比较（2009年）

类型	辐射半径											
	0~1km		1~2km		2~3km		3~4km		4~5km		5~6km	
	CA (hm²)	NP (个)	CA (hm²)	NP (个)	CA (hm²)	NP (个)	CA (hm²)	NP (个)	CA (hm²)	NP (个)	CA (hm²)	NP (个)
草地	264.50	159	848.10	271	1 360.21	576	2 082.28	197	2 755.82	90	3 418.35	39
矿坑	0.11	3										
排土场	1.80	5			14.19	1						
洗矿池	3.20	1										
工矿仓储	3.81	10			4.98	2	2.69	2				
交通	0.54	1	1.94	3	5.46	5	1.98	4	1.48	3	1.27	2
建筑用地			7.71	6	5.57	6	2.69	3			0.85	1
裸地	40.37	205	85.27	423	181.34	767	108.76	803	71.85	650	37.39	180
水域												

（续表）

类型	辐射半径								总计	
	6~7km		7~8km		8~9km		9~10km			
	CA (hm²)	NP (个)	CA (hm²)	NP (个)	CA (hm²)	NP (个)	CA (hm²)	NP (个)	CA (hm²)	NP (个)
草地	4 071.46	17	4 532.01	231	4 928.08	410	5 530.51	698	29 791.34	2 688
矿坑							25.88	1	25.99	4
排土场									18.01	9
洗矿池									3.20	1
工矿仓储			1.47	1	89.84	4	73.03	3	175.83	22
交通	1.58	2	2.64	3	2.54	4	2.93	6	22.35	33
建筑用地	0.47	1	0.71	1	5.57	4	5.70	7	29.27	29
裸地	13.04	102	104.27	274	223.72	737	292.70	1 934	1 158.73	6 075
水域			74.15	3	94.21	6	41.92	32	210.28	41

离的增大先增加后减少。洗矿池总面积增加到 11.70hm²，增加了 269.39%，全部分布在 0~1km 范围内。工矿仓储景观面积增加到 225.12hm²，增加了 28.03%。其中 209.58hm² 集中分布在 7~10km 范围内，随距矿区中心距离的增加先增大后减小。交通和建筑用地景观面积均有所增加，分别增加到 26.28hm² 和 52.24hm²。建筑用地在 4~5km 内出现，说明矿产开采导致建筑用地增多。水域的分布范围未发生变化，但面积有所减小。

由上述描述可知，该矿 0~10km 整体缓冲区内，2009—2015 年草地面积减少。矿坑、排土场、洗矿池和工矿仓储面积都明显增大。其中，排土场、洗矿池和工矿仓储景观分布范围基本不变，矿坑分布范围变大。建筑用地和交通用地面积增加，说明随着矿产的不断开采，道路和建筑用地增多。水域的分布范围未发生变化，但面积有所减小。

b. 斑块数（NP）。从表 3-7 中可以看出 2009 年该矿 0~10km 缓冲区内，萤石矿矿坑全部集中在 0~1km 范围内，斑块个数为 3。排土场斑块总个数为 9 个，在 0~1km 范围内斑块数为 5 个，3~4km 内斑块数为 3 个，2~3km 范围内最小，斑块数为 1 个。这说明排土场在 0~1km 范围内斑块个数较多，破碎度较大。2~3km 范围内破碎度较小，分布集中。洗矿池景观总个数 1 个，主要位于 0~1km 范围内。工矿仓储景观斑块总数为 22 个，0~1km 范围内斑块数最多，有 10 个，8~9km 范围内有 4 个排在第二，9~10km 范围内有 3 个排第三，4~7km 范围内未见该景观。交通景观斑块总数为 33 个，0~5km 缓冲区内斑块数为 16 个，8~10km 范围内有 13 个，剩余 4 个分布在 5~7km 范围内。说明矿区周边和城镇周边交通用地数量较多，破碎度较大，对草地影响较大。建筑用地斑块总个数 29 个，1~4km 范围内有 15 个，8~10km 范围内有 11 个，5~8km 范围内有 3 个，其他区域未见建筑用地。说明矿产开采和城镇化是建筑用地分布的主要因素。

表 3-8 萤石矿 10 种景观类型格局指数比较（2015 年）

类型	辐射半径											
	0~1km		1~2km		2~3km		3~4km		4~5km		5~6km	
	CA (hm²)	NP (个)	CA (hm²)	NP (个)	CA (hm²)	NP (个)	CA (hm²)	NP (个)	CA (hm²)	NP (个)	CA (hm²)	NP (个)
草地	241.94	85	841.29	123	1 356.30	285	2 074.90	111	2 705.50	143	3 386.80	77
矿坑	0.79	5					0.19	4				
排土场	12.85	4			13.54	2	7.08	4				
洗矿池	11.70	1										
工矿仓储	4.92	8			7.12	3	3.50	4				
交通	0.54	1	2.60	5	6.34	8	2.29	6	1.58	4	1.27	2
建筑用地			13.44	6	6.14	9	2.69	3	0.37	1	1.64	1
裸地	41.22	204	85.40	424	181.57	767	109.54	815	121.73	819	68.12	311
水域												

（续表）

类型	辐射半径									
	6~7km		7~8km		8~9km		9~10km		总计	
	CA (hm²)	NP (个)	CA (hm²)	NP (个)	CA (hm²)	NP (个)	CA (hm²)	NP (个)	CA (hm²)	NP (个)
草地	4 064.10	18	4 518.30	156	4 871.00	292	5 395.70	514	29 455.83	1 804
矿坑	6.56	1	1.52	1			26.87	1	35.92	12
排土场									33.47	10
洗矿池									11.70	1
工矿仓储			1.27	1	113.04	4	95.27	5	225.12	25
交通	1.58	2	2.64	3	3.38	5	4.08	8	26.28	44
建筑用地	0.55	3	1.73	2	8.17	6	17.52	11	52.24	42
裸地	13.81	111	109.85	314	252.95	893	407.06	2 025	1 391.24	6 683
水域			79.87	1	95.19	6	25.22	36	200.27	43

水域景观斑块数共 41 个。其中，32 个分布在 9~10km 范围内，6 个分布在 8~9km 范围内，3 个分布在 7~8km 范围内，说明距离矿区中心越远水域景观分布越多。

从表 3-8 中可以看出，与 2009 年相比，2015 年该矿矿坑景观斑块数目增加，分布范围变大，说明该类景观为新增矿坑景观。排土场斑块总数目增加至 10 个，说明排土场景观破碎度增大，分布范围不变但在各范围内分布更为分散。洗矿池斑块总数目和分布区域不变，面积大幅度增加，说明洗矿池在原有基础上进行了大规模扩建。工矿仓储斑块数由 22 个增加至 25 个。交通景观斑块总数由 33 个增至 44 个。其中 0~5km 范围 24 个，7~10km 范围内 16 个，剩余 4 个分布在 5~7km 范围内。对矿区 0~5km 范围分布最多，其次是 7~10km 范围内，5~7km 范围内排第三。建筑用地斑块总个数增加为 42 个，说明随着矿产开采年限的增加，建筑用地在不断增多。由于远离矿区受矿区影响较小，水域景观斑块数于 2009 年基本持平。

从整体上来看（0~10km），典型萤石矿草地景观受矿产开采影响较为明显，2009—2015 年草地面积减小，破碎度增大，连续性降低。矿坑分布范围变大，且随着开矿年限的增加，矿坑面积增加。排土场景观的分布范围为 0~4km，0~1km 范围内斑块数最多，分布最为分散。随着开矿时间的增加，斑块数增多，分布范围更大。洗矿池斑块总数目和分布区域不变，面积大幅度增加，为在原有基础上进行了大规模扩建。工矿仓储、交通用地和建筑用地景观斑块数增加。其中，主要分布矿区周围和城镇周边。水域景观距离矿区中心较远，受矿区影响较小。

②景观水平的景观格局

a. 景观多样性研究。从表 3-9 中可以看出，2009 年香农多样性指数（SHDI）在0~10km范围内整体呈现减小趋势。说明随着与开矿中心区距离的增大，景观多样性降低，连续性增强。其中，8~10km范围内景观多样性指数略有增大，是由于城市活动的影响。2015年0~10km缓冲区内的香农多样性指数分布规律与2009年景观多样性指数相同，但各缓冲区内景观多样性均增加，这说明各缓冲区内对草地景观的利用均增加，导致草地景观多样性变大，异质性增强。

表3-9　2009—2015年萤石矿景观异质性变化

距离	2009年			2015年		
	SHDI	D	M	SHDI	D	M
0~1km	0.5521	0.7163	122.1667	0.8118	0.5828	98.1045
1~2km	0.3647	0.7369	74.5475	0.3960	0.7144	59.1898
2~3km	0.4746	0.7351	86.3374	0.4856	0.7290	68.3626
3~4km	0.2300	0.8716	45.9912	0.2495	0.8708	43.0429
4~5km	0.1228	0.8882	26.2623	0.1834	0.8677	34.1800
5~6km	0.0653	0.9529	6.42015	0.1042	0.9248	11.3076
6~7km	0.0261	0.9812	2.9854	0.0393	0.9756	3.3035
7~8km	0.1957	0.8908	10.8796	0.2094	0.8824	10.1375
8~9km	0.3582	0.8001	21.8003	0.3967	0.7786	22.5684
9~10km	0.3416	0.8244	44.8877	0.4102	0.7892	43.5387

　　b. 景观优势度研究。从表3-9中可以看出，2009年1~10km范围内的景观优势度指数整体呈现先增加的趋势。说明与矿区中心距离的增加，景观优势度表现为增大的趋势。与2009年相比，2015年各缓冲区内景观优势度指数均减小，说明随着开矿年限的增长，各区域的景观优势度下降，各类景观分布更为均匀化。

c. 景观破碎度研究。从表3-9可以看出，2009年0~10km缓冲区内景观破碎度指数整体呈现随缓冲区的扩大而减小的趋势。最大的区域为0~1km范围内，第二大的在2~3km范围内，第三大的分布在1~2km范围内，破碎度最小的6~7km范围内。2015年景观破碎度指数与2009年分布规律基本相同，最大的范围是0~1km范围内，第二大的为2~3km范围内，第三大的为1~2km范围内，破碎度最小的依然为6~7km范围内。

（3）锡多金属矿

从2009年和2015年典型锡多金属矿不同缓冲区景观时空变化可以看出，从2009—2015年该矿缓冲区内新增加了洗矿池景观，裸地景观建筑用地明显增加。7~10km范围新增加了矿坑景观。

①斑块类型水平的景观格局。

a. 景观斑块面积（CA）。结合2009—2015年典型锡多金属矿景观时空变化和表3-10可知，2009年锡多金属矿草地面积为28 973.65hm^2，矿坑、排土场和工矿仓储景观总面积分别为5.54hm^2、14.60hm^{2}和1.38hm^2，均全部分布在0~1km。3~4km和9~10km范围内的矿坑为其他矿矿坑。未见洗矿池景观。说明该矿主要占用了0~1km范围内的草地，对0~1km范围内的草地影响较大。交通和建筑用地景观总面积分别为72.40hm^{2}和203.75hm^2，均主要集中分布在7~10km范围内，并且面积均随着距矿区中心距离的增大而增大。裸地景观总面积829.43hm^2，无明显分布规律。水域景观总面积为12.36km，集中分布在1~10km范围，无明显分布规律。该区域耕地较多，面积较大，总面积为1 302.45hm^2。

从表3-11中可以看出，与2009年相比，2015年草地景观面积减少为27 599.45hm^2，减少了4.7%。锡多金属矿矿坑景观

表3-10 锡多金属矿10种景观类型格局指数比较（2009年）

类型	辐射半径											
	0~1km		1~2km		2~3km		3~4km		4~5km		5~6km	
	CA (hm²)	NP (个)	CA (hm²)	NP (个)	CA (hm²)	NP (个)	CA (hm²)	NP (个)	CA (hm²)	NP (个)	CA (hm²)	NP (个)
草地	276.47	30	733.38	86	1 340.20	202	1 921.70	239	2 530.60	186	3 152.40	175
矿坑	1.18	2					0.82	1				
排土场	14.60	4										
洗矿池												
工矿仓储	1.38	5										
交通	3.43	8	2.31	7	3.13	6	4.57	6	3.29	5	4.62	9
建筑用地			0.16	1	1.90	2	1.76	3	1.93	2	21.35	4
裸地	4.56	163	24.50	268	69.29	587	110.52	799	92.82	848	91.52	608
水域			0.71	4	4.71	5	0.95	2	1.41	13	1.32	9
耕地	12.51	1	181.40	1	151.49	2	158.77	6	197.31	5	184.52	5

（续表）

类型	辐射半径									
	6~7km		7~8km		8~9km		9~10km		总计	
	CA (hm²)	NP (个)	CA (hm²)	NP (个)	CA (hm²)	NP (个)	CA (hm²)	NP (个)	CA (hm²)	NP (个)
草地	3 832.20	152	4 328.30	242	5 108.60	604	5 749.80	767	28 973.65	2 683
矿坑							3.55	3	5.54	6
排土场									14.60	4
洗矿池									0.00	0
工矿仓储									1.38	5
交通	7.22	8	13.46	12	16.25	19	14.13	16	72.40	96
建筑用地	71.99	11	22.96	9	41.67	18	40.02	13	203.75	63
裸地	76.15	776	86.61	897	114.39	1 236	159.09	1 383	829.43	7 565
水域	0.64	8	1.24	15	1.38	4	2.36	2	12.36	60
耕地	95.85	14	259.80	8	58.44	5			1 302.45	49

表3-11 锡多金属矿10种景观类型格局指数比较（2015年）

类型	辐射半径											
	0~1km		1~2km		2~3km		3~4km		4~5km		5~6km	
	CA (hm²)	NP (个)	CA (hm²)	NP (个)	CA (hm²)	NP (个)	CA (hm²)	NP (个)	CA (hm²)	NP (个)	CA (hm²)	NP (个)
草地	243.26	252	741.45	415	1 267.9	754	1 920.8	698	2 510.90	676	3 026.20	1 055
矿坑	0.68	1			0.9	1	13.09	5				
排土场	18.30	5										
洗矿池					6.14	2	1.05	1				
工矿仓储	1.81	9			7.84	3	1.15	2				
交通	3.96	10	2.481 2	5	2.72	5	4.28	7	3.70	6	5.46	10
建筑用地			0.161 6	1	2.66	2	3.43	2	3.32	3	78.86	7
裸地	25.35	211	56.95	297	160.51	618	150.71	888	178.69	951	249.97	705
水域			0.61	3	4.6	4	0.87	1	1.34	1	1.79	3
耕地	20.77	4	140.8	7	117.5	5	103.67	5	129.43	3	93.46	5

（续表）

类型	辐射半径								总计	
	6~7km		7~8km		8~9km		9~10km			
	CA (hm²)	NP (个)	CA (hm²)	NP (个)	CA (hm²)	NP (个)	CA (hm²)	NP (个)	CA (hm²)	NP (个)
草地	3 579.10	1 166	4 134.30	1 293	4 805.20	1 280	5 370.30	1 732	27 599.45	9 321
矿坑			0.10	1	15.13	3	10.13	1	40.02	12
排土场									18.30	5
洗矿池									7.20	3
工矿仓储									10.80	14
交通	8.61	8	16.28	15	17.88	20	14.57	17	79.93	103
建筑用地	116.19	12	95.41	13	159.97	24	134.48	18	594.48	82
裸地	281.88	967	280.37	1 084	272.91	1 430	439.51	1 465	2 096.84	8 616
水域	0.45	6	0.81	2	1.18	1			11.65	21
耕地	97.79	8	185.06	9	68.40	3			956.88	49

分布范围不变，面积减小为 0.68hm²。3~4km 和 9~10km 范围内的采石场矿坑面积均增加，2~3km 和 7~9km 范围内出现新的采石场矿坑。排土场分布范围不变，总面积增加到 18.30hm²，增加了 25.37%。新增洗矿池景观，其分布范围为 2~4km，总面积为 7.2hm²。工矿仓储总面积增加到 10.8hm²，增加了 68.3%。其中，在原有工矿仓储景观基础上矿建面积达到 1.81hm²，增加了 31.27%。2~4km 范围内，新增工矿仓储景观，面积为 8.99hm²。交通和建筑用地景观增加。其中建筑用地景观面积增加明显，面积增加到 594.48hm²，增加了 191.77%。裸地总面积增加为 2 096.8hm²。其中，矿区中心区 0~1km 范围内裸地面积增加最明显，增幅为 456.11%。说明开矿对矿区周边为裸地的形成有明显作用。水域分布范围不变，面积减小，耕地范围和面积均减小。

由上述描述可知，该矿 0~10km 整体缓冲区内，2009—2015 年草地面积明显减少。锡多金属矿坑范围不变，面积减小。原有采石场矿坑面积增加，并新增采石场矿坑。排土场分布范围不变，面积增加。新增洗矿池景观，且主要分布于 2~4km 范围内。原有工矿仓储景观分布范围基本不变，面积增加，并在 2~4km 范围内出现新增工矿仓储景观。建筑用地和交通用地面积增加，说明随着矿产的不断开采，道路和建筑用地增多，且建筑用地增加明显。水域分布范围不变，面积减小，耕地范围和面积均减小。

b. 斑块数（NP）。从表 3-10 中可以看出 2009 年该矿 0~10km 缓冲区内，矿坑总个数为 6 个。其中锡多金属矿矿坑全部集中在 0~1km 范围内，斑块个数为 2 个。排土场斑块总个数为 4 个，全部集中在 0~1km 范围内。工矿仓储斑块总个数为 5 个，全部集中在 0~1km 范围内。说明该矿产操作区主要集中在 0~1km 范围内。交通景观斑块总数为 96 个。其中 0~1km 范围内有 8 个。建筑用地斑块总个数 63 个，0~1km 范围内没有，而排在第一位的是 8~9km 范围内有 18 个，第二位的是 9~10km 范围内有 13 个，第三位的是 6~7km 范围内有 11 个，随距离矿区中心距离的增加而增多。说明距离矿区越远的区域受矿产开采影响越小，污染越小，更适合人类生活。水域景观斑块数共 60 个，按斑块数量排序，其中 15 个分布在 7~8km 范围内，13 个分布在 4~5km 范围内，9 个分布在 5~6km 范围内，说明 4~8km 范围内水域分布数量多，其他区域分布较少。

从表 3-11 中可以得出，与 2009 年相比，2015 年矿坑总数目增加为 12 个，增加一倍。其中，锡多金属矿矿坑数量减少，破碎化程度降低，分布更加连续。排土场斑块总数目增加至 5 个，面积也增加，分布范围不变，说明新增了排土场景观。新增洗矿池景观，斑块总数目为 3 个，分布在 2~4km 范围内。工矿仓储斑块数由 5 个增加至 14 个。其中 2~4km 范围内新增工矿仓储斑块数 5 个，0~1km 范围内增加至 9 个。交通用地景观的斑块总数目增加，水域景观斑块数明显减少。说明交通用地分布更分散，部分地表水可能消失。

从整体上来看（0~10km），锡多金属矿草地景观受矿产开采影响明显。2009—2015 年草地面积减小，破碎度增大，连续性降低。矿坑、排土场对草地的占用主要集中在 0~1km 范围内。洗矿池和工矿仓储景观对草地的影响主要集中体现在 0~1km 和 2~4km 范围内。其中 2~4km 范围内洗矿池和工矿仓储景观为新增景观。道路以及建筑用地景观面积增加，斑块数增多，分布更加分散。水域景观斑块数明显减少，部分地表水可能消失。

②景观水平的景观格局。

a. 景观多样性研究。从表 3-12 中可以看出，2009 年 SHDI 在 1~10km 范围内呈现随距离增加而减小的趋势。其中，1~2km 范围内最大，最大值为 0.351 0，9~10km 范围内最小，最小值为 0.104 9。说明随着与矿区中心距离的增加，景观的多样性降低，异质性减弱。2015 年景观多样性指数的变化规律与 2009 年基本相同，各缓冲区内的 SHDI 均增加，这说明 0～10km 各个范围内对草地的利用均增加，各个范围内的景观多样性均增大，异质性均增强。

b. 景观优势度研究。从表 3-12 中可以得出，2009 年 1～10km 范围内的景观优势度指数呈现随距矿区中心距离的增加而增大的趋势。其中，1～2km 范围内为最小值 0.649 0，9～10km 范围内为最大值 0.895 1。说明 1～2km 范围内景观优势度最小，9～10km 范围内景观优势度最大。与 2009 年相比，2015 年 3～4km 范围内景观优势度增大，其他各缓冲区内景观优势度指数均减小，说明 2009—2015 年，各个范围内的景观优势度均下降，各类景观分布更为均匀化。

表 3-12　2009—2015 年锡多金属矿景观异质性变化

距离	2009 年			2015 年		
	SHDI	D	M	SHDI	D	M
0～1km	0.276 9	0.723 1	67.807 8	0.433 9	0.566 1	156.626 4
1～2km	0.351 0	0.649 0	38.941 1	0.370 7	0.629 3	77.245 4
2～3km	0.299 5	0.700 5	51.185 1	0.314 6	0.685 4	88.746 3
3～4km	0.248 1	0.751 9	48.020 2	0.251 8	0.768 2	73.167 1
4～5km	0.231 0	0.769 0	37.455 0	0.246 3	0.753 7	58.003 9
5～6km	0.211 9	0.788 1	23.439 6	0.281 4	0.718 6	51.654 0
6～7km	0.170 7	0.829 3	23.726 4	0.281 7	0.718 3	53.059 9
7～8km	0.198 8	0.801 2	25.104 3	0.262 1	0.737 9	51.290 9
8～9km	0.129 4	0.870 6	35.313 9	0.228 9	0.771 1	51.697 6
9～10km	0.104 9	0.895 1	36.589 1	0.247 4	0.752 6	54.163 3

c. 景观破碎度研究。从表 3-12 可得，2009 年 0～10km 缓冲

区内景观破碎度规律不明显。其中破碎度指数最大的区域为 0~1km 范围内，第二大的分布在 2~3km 范围内，第三大的分布在 3~4km 范围内，破碎度最小的分布在 5~6km 范围内。说明随着与矿区中心距离的增加，景观的破碎度降低。2015 年景观破碎度最大的范围是 0~1km 范围内，第二大的为 2~3km 范围内，第三大的为 1~2km 范围内，破碎度最小的为 7~8km 范围内。与 2009 年相比，2015 年每个缓冲区内的景观破碎度均增大。说明 2009—2015 年，矿产开采导致景观破碎度增大。

2. 不同类型矿区景观格局变化分析

（1）2009 年不同类型矿区景观格局分析

①斑块类型水平的景观格局。

从不同类型典型矿区空间变换可以看出，三类矿对草地的影响各不相同，不同缓冲区内影响草地的景观要素各不相同。

表 3-13 是 2009 年不同类型典型矿区 0~10km 范围内斑块水平上各景观指数，从表中可以看出，0~10km 范围内从景观面积（CA）上看，煤矿的草地、矿坑、排土场、洗矿池、工矿仓储、交通用地、建筑用地、裸地、水域以及耕地景观面积分别为 26 631.24hm²、17.85hm²、970.12hm²、38.84hm²、335.08hm²、62.26hm²、142.80hm²、1 950.63hm²、32.56hm² 和 1 256.39hm²。萤石矿的草地、矿坑、排土场、洗矿池、工矿仓储、交通用地、建筑用地、裸地以及水域景观面积分别为 29 791.34hm²、25.99hm²、18.01hm²、3.20hm²、175.83hm²、22.35hm²、29.27hm²、1 158.73hm² 和 210.28hm²。锡多金属矿的草地、矿坑、排土场、工矿仓储、交通用地、建筑用地、裸地、水域以及耕地景观面积分别为 28 973.64hm²、5.54hm²、14.60hm²、1.38hm²、72.40hm²、203.75hm²、829.43hm²、12.36hm² 和 1 302.45hm²。草地景观面积大小顺序为萤石矿>锡多金属矿>煤矿。矿坑面积大小排序萤石矿>煤矿>锡多金属矿。排土场、洗矿池、工矿仓储和裸

单位：hm²

表3-13　典型矿景观类型面积指数比较（2009年）

矿名	景观类型	0~1km	1~2km	2~3km	3~4km	4~5km	5~6km	6~7km	7~8km	8~9km	9~10km	总计
煤矿	草地	50.96	553.67	1 137.62	2 035.28	2 654.08	3 096.34	3 590.55	4 084.12	4 462.22	4 966.39	26 631.24
	矿坑	17.85										17.85
	排土场	242.34	339.30	360.07	28.40							970.12
	洗矿池	33.63	5.22									38.84
	工矿仓储		9.13	29.59	8.82	39.75	69.62	4.37		46.77	127.04	335.08
	交通用地	2.82	6.90	3.99	6.56	5.50	4.28	4.91	6.37	12.09	8.83	62.26
	建筑用地		0.15	0.25	37.54	11.10	6.44	30.25	25.31	2.02	29.89	142.80
	裸地		0.15	35.13	83.10	118.96	237.32	263.54	278.24	492.41	441.78	1 950.63
	水域	0.37	0.34		0.91		3.05	1.98			25.91	32.56
	耕地						41.13	191.32	321.65	328.95	373.34	1 256.39
萤石矿	草地	264.5	848.1	1 360.21	2 082.28	2 755.82	3 418.35	4 071.46	4 532.01	4 928.08	5 530.51	29 791.34
	矿坑	0.11									25.88	25.99
	排土场	1.80		14.19	2.02							18.01
	洗矿池	3.20										3.20
	工矿仓储	3.81		4.98	2.69				1.47	89.84	73.03	175.83
	交通用地	0.54	1.94	5.46	1.98	1.48	1.27	1.58	2.64	2.54	2.93	22.35
	建筑用地		7.71	5.57	2.69		0.85	0.47	0.71	5.57	5.70	29.27
	裸地	40.37	85.27	181.34	108.76	71.85	37.39	13.04	104.27	223.72	292.70	1 158.73
	水域								74.15	94.21	41.92	210.28

矿名	景观类型	0~1km	1~2km	2~3km	3~4km	4~5km	5~6km	6~7km	7~8km	8~9km	9~10km	总计
	草地	276.47	733.38	1 340.24	1 921.69	2 530.63	3 152.36	3 832.21	4 328.27	5 108.55	5 749.84	28 973.64
	矿坑	1.18			0.82						3.55	5.54
	排土场	14.60										14.60
	洗矿池											0.00
	工矿仓储	1.38										1.38
锡多金属矿	交通用地	3.43	2.31	3.13	4.57	3.29	4.62	7.22	13.46	16.25	14.13	72.40
	建筑用地		0.16	1.90	1.76	1.93	21.35	71.99	22.96	41.67	40.02	203.75
	裸地	4.56	24.49	69.29	110.52	92.82	91.51	76.15	86.61	114.39	159.09	829.43
	水域		0.71	4.71	0.95	1.41	1.32	0.64	1.24	1.38		12.36
	耕地	12.51	181.40	151.49	158.77	197.31	184.52	95.85	259.80	58.44	2.36	1 302.45

地三类景观的面积均为煤矿>萤石矿>锡多金属矿，且煤矿中这三类景观面积明显大于其他两类矿，对草地的挖损、压扎、占用均明显高于其他两类矿。交通和建筑用地景观面积为锡多金属矿>煤矿>萤石矿。从各景观分布范围上看，煤矿、萤石矿和锡多金属矿矿坑分布范围相同，主要分布在0～1km范围内。煤矿和萤石矿排土场均主要集中分布在0～4km范围内，锡多金属矿排土场只分布在0～1km范围内，说明排土场占用草地的范围为煤矿>萤石矿>锡多金属矿。煤矿洗矿池主要分布在1～3km范围内，萤石矿主要分布在0～1km范围内，锡多金属矿未见洗矿池。煤矿较其他两类矿分布范围更广。煤矿工矿仓储景观分布范围为1～7km和8～10km，萤石矿工矿仓储景观分布范围为0～1km、2～4km和7～10km，锡多金属矿工矿仓储分布范围为0～1km。煤矿工矿仓储景观分布范围最广，对草地的影响范围最大。交通用地、建筑用地和裸地景观的分布范围在煤矿、萤石矿和锡多金属矿缓冲区内的分布范围基本相同。煤矿水域分布较零散，萤石矿水域集中分布在7～10km范围内，锡多金属矿水域分布在1～9km范围内，锡多金属矿水域分布范围最广，萤石矿分布范围最小。

从斑块数目上看，草地景观斑块数目煤矿（6 238个）>萤石矿（2 688个）>锡多金属矿（2 683个）。这说明0～10km范围内煤矿对草地破碎度的影响最大，草地连续性最差。其中，矿坑景观的斑块数目萤石矿（3个）>锡多金属矿（2个）>煤矿（1个），萤石矿矿坑破碎度最大，分布最分散。排土场景观斑块数目为煤矿（27个）>萤石矿（9个）>锡多金属矿（4个）。说明煤矿排土场景观数量最多，分布最分散。洗矿池景观斑块数为煤矿（5个）>萤石矿（1个）>锡多金属矿（0个），该类景观煤矿分布最广泛，对草地连续性影响最大。工矿仓储景观斑块数为煤矿（20个）>萤石矿（22个）>锡多金属矿（5个）。裸地景观斑块数目为煤矿（10 351 个）>锡多金属矿（7 565 个）>萤石矿（6 075 个），但数量级上远远高于工矿仓储景观。说明其分布范围更广泛，且更加分散（表3-14）。

②景观类型水平的景观格局。

对于0~10km 范围缓冲区内景观水平上景观格局指数，从景观多样性指数（SHDI）上看，3~8km 范围内，煤矿>锡多金属矿>萤石矿。其他范围内，煤矿>萤石矿>锡多金属矿。1~10km 范围内煤矿景观多样性最大，景观异质性最大，对草地景观土地利用最为丰富。3~5km 范围内的景观优势度比较结果均为萤石矿>煤矿>锡多金属矿，其他范围为萤石矿>锡多金属>煤矿，说明萤石矿缓冲区内的草地优势度最高，占主导地位，煤矿缓冲区内景观优势度最低。破碎度指数方面，0~3km 范围内为萤石矿>锡多金属矿>煤矿，反映出该区域内萤石矿破碎程度最严重，煤矿景观连续性较强。3~9km 范围内破碎度指数排序为煤矿>锡多金属矿>萤石矿。9~10km 范围内，景观破碎度指数为煤矿>萤石矿>锡多金属矿，煤矿景观破碎度最大，萤石矿最小（表3-15）。

（2）2015 年不同类型矿区景观格局分析

从2015 年不同类型典型矿区空间变换可以看出，三类矿对草地的影响各不相同，不同缓冲区内影响草地的景观要素各不相同。

①斑块类型水平的景观格局。

表3-16 是不同类型典型矿区0~10km 范围内斑块水平上各景观指数表，从表中可以看出，0~10km 范围内从景观面积（CA）上看，煤矿的草地、矿坑、排土场、洗矿池、工矿仓储、交通用地、建筑用地、裸地、水域以及耕地景观面积分别为23 808.84hm^2、148.00hm^2、1 890.54hm^2、67.43hm^2、815.54hm^2、65.08hm^2、397.14hm^2、2 891.42hm^2、39.02hm^{2}和1 309.13hm^2。

表 3-14 典型矿 10 种景观斑块数目比较（2009 年）

单位：个

矿名	辐射半径（km）	草地	矿坑	排土场	洗矿池	工矿仓储	交通	建筑用地	裸地	水域	耕地
煤矿	0~1	6	1	7			4			4	
	1~2	8		16	3		14		27	2	
	2~3	242		2	2	3	10	1	539		
	3~4	371		2		2	8	3	767	1	
	4~5	452				3	9	5	991		
	5~6	609				3	7	3	1 345	3	2
	6~7	505				2	8	5	1 374	1	2
	7~8	1 003					6	7	1 922		4
	8~9	1 461				2	24	1	1 874		2
	9~10	1 581				2	30	6	1 512	1	4
	总计	6 238	1	27	5	20	120	31	10 351	12	14
萤石矿	0~1	159	3	5	1	10	1		205		
	1~2	271					3	6	423		
	2~3	576		1		2	5	6	767		
	3~4	197		3		2	4	3	803		
	4~5	90							650		
	5~6	39					3	1	180		
	6~7	17					2	1	102		
	7~8	231				1	3	1	274	3	
	8~9	410				4	4	4	737	6	
	9~10	698	1			3	6	7	1 934	32	
	总计	2 688	4	9	1	22	33	29	6 075	41	

（续表）

矿名	辐射半径（km）	草地	矿坑	排土场	洗矿池	工矿仓储	交通	建筑用地	裸地	水域	耕地
锡多金属矿	0~1	30	2	4		5	8		163	1	1
	1~2	86					7	1	268	4	1
	2~3	202	1				6	2	587	5	2
	3~4	239					6	3	799	2	6
	4~5	186					5	2	848	13	5
	5~6	175					9	4	608	9	5
	6~7	152					8	11	776	8	14
	7~8	242					12	9	897	15	8
	8~9	604					19	18	1 236	4	5
	9~10	767	3				16	13	1 383		2
	总计	2 683	6	4	0	5	96	63	7 565	60	49

表 3-15　2009 年不同矿区景观异质性变化

距离	煤矿			萤石矿			锡金多金属矿		
	SHDI	D	M	SHDI	D	M	SHDI	D	M
0~1km	0.708 7	0.559 7	6.998 6	0.552 1	0.716 3	122.166 7	0.276 9	0.723 1	67.807 8
1~2km	0.884 4	0.545 5	7.740 3	0.364 7	0.736 9	74.547 5	0.351 0	0.649 0	38.941 1
2~3km	0.766 8	0.605 9	50.831 3	0.474 6	0.735 1	86.337 4	0.299 5	0.700 5	51.185 1
3~4km	0.364 3	0.812 8	52.439 7	0.230 0	0.871 6	45.991 2	0.248 1	0.751 9	48.020 2
4~5km	0.287 0	0.821 7	51.601 3	0.122 8	0.888 2	26.262 3	0.231 0	0.769 0	37.455 0
5~6km	0.440 3	0.773 7	57.024 4	0.065 3	0.952 9	6.420 2	0.211 9	0.788 1	23.439 6
6~7km	0.489 3	0.748 6	46.416 3	0.026 1	0.981 2	2.985 4	0.170 7	0.829 3	23.726 4
7~8km	0.511 7	0.682 1	62.387 4	0.195 7	0.890 8	10.879 6	0.198 8	0.801 2	25.104 3
8~9km	0.600 1	0.665 1	62.943 7	0.358 2	0.800 1	21.800 3	0.129 4	0.870 6	35.313 9
9~10km	0.661 0	0.660 3	52.501 3	0.341 6	0.824 4	44.887 7	0.104 9	0.895 1	36.589 1

表3-16　典型矿景观类型面积指数比较（2015年）

单位：hm²

矿名	景观类型	0~1km	1~2km	2~3km	3~4km	4~5km	5~6km	6~7km	7~8km	8~9km	9~10km	总计
煤矿	草地	0.13	91.26	707.26	1 329.16	2 282.75	2 890.82	3 401.54	3 966.79	4 388.72	4 750.42	23 808.84
	矿坑	148.00										148.00
	排土场	164.69	588.23	504.27	446.34	187.01						1 890.54
	洗矿池		42.45	24.99								67.43
	工矿仓储	0.74	30.74	43.24	176.48	134.31	154.91	36.14	43.08	50.70	145.94	815.54
	交通用地		5.83	6.73	5.85	5.39	3.06	4.35	6.37	15.13	11.63	65.08
	建筑用地			1.12	42.80	15.98	15.06	43.74	25.97	57.23	195.24	397.14
	裸地	0.79	184.60	284.07	199.60	203.52	343.49	357.86	349.18	499.16	469.15	2 891.42
	水域						7.76	1.98	3.24	26.04		39.02
	耕地						42.66	240.76	323.43	328.95	373.34	1 309.13
萤石矿	草地	241.94	841.29	1 356.32	2 074.85	2 705.47	3 386.83	4 064.05	4 518.27	4 871.04	5 395.69	29 455.75
	矿坑	0.79			0.19			6.56	1.52		26.87	35.92
	排土场	12.85		13.54	7.08							33.47
	洗矿池	11.70										11.70
	工矿仓储	4.92		7.12	3.50		1.27			113.04	95.27	225.12
	交通用地	0.54	2.60	6.34	2.29	1.58	1.27	1.58	2.64	3.38	4.08	26.28
	建筑用地		13.44	6.14	2.69	0.37	1.64	0.55	1.73	8.17	17.52	52.24
	裸地	41.22	85.40	181.57	109.54	121.73	68.12	13.81	109.85	252.95	407.06	1 391.25
	水域								79.87	95.19	25.22	200.27

（续表）

矿名	景观类型	0~1km	1~2km	2~3km	3~4km	4~5km	5~6km	6~7km	7~8km	8~9km	9~10km	总计
锡多金属矿	草地	243.26	741.45	1 267.89	1 920.83	2 510.91	3 026.16	3 579.14	4 134.31	4 805.21	5 370.29	27 599.45
	矿坑	0.68		0.90	13.09				0.10	15.13	10.13	40.02
	排土场	18.30										18.30
	洗矿池			6.14	1.05							7.20
	工矿仓储	1.81		7.84	1.15							10.80
	交通用地	3.96	2.48	2.72	4.28	3.70	5.46	8.61	16.28	17.88	14.57	79.93
	建筑用地		0.16	2.66	3.43	3.32	78.86	116.19	95.41	159.97	134.48	594.48
	裸地	25.35	56.95	160.51	150.71	178.69	249.97	281.88	280.37	272.91	439.51	2 096.84
	水域		0.61	4.60	0.87	1.34	1.79	0.45	0.81	1.18		11.65
	耕地	20.77	140.80	117.50	103.67	129.43	93.46	97.79	185.06	68.40		956.88

萤石的矿草地、矿坑、排土场、洗矿池、工矿仓储、交通用地、建筑用地、裸地以及水域景观面积分别为 29 455.75hm²、35.92hm²、33.47hm²、11.70hm²、225.12hm²、26.28hm²、52.24hm²、1 391.25hm² 和 200.27hm²。锡多金属矿草地、矿坑、排土场、洗矿池、工矿仓储、交通用地、建筑用地、裸地、水域以及耕地景观面积分别为 27 599.45hm²、40.02hm²、18.30hm²、7.20hm²、10.80hm²、79.93hm²、594.48hm²、2 096.84hm²、11.65hm²、956.88hm²。草地景观面积大小顺序为萤石矿>锡多金属矿>煤矿。矿坑、排土场、洗矿池、工矿仓储四类景观的面积均为煤矿>萤石矿>锡多金属矿，且煤矿中这四类景观面积明显大于其他两类矿，对草地的挖损、压扎、占用均明显高于其他两类矿。交通用地景观面积为锡多金属矿>煤矿>萤石矿。原有是这三类矿在开采和运输过程中，锡多金属多为向外运输，对交通的需求高，故交通用地对草地的占用最多，碾压程度最大，对草地景观的破坏程度最大。建筑用地面积为锡多金属矿>萤石矿>煤矿，说明锡多金属矿周边居民或工人居住场所最多，其占用草地景观面积也最大。裸地景观面积比较结果为煤矿>锡多金属矿>萤石矿。从各景观分布范围上看，煤矿、萤石矿和锡多金属矿矿坑分布范围相同，主要分布在 0~1km 范围内。煤矿排土场分布在 0~5km 范围内，萤石矿排土场分布在 0~4km 范围内，锡多金属矿排土场只分布在 0~1km 范围内，说明排土场占用草地的范围为煤矿>萤石矿>锡多金属矿。煤矿洗矿池主要分布在 1~3km 范围内，萤石矿和锡多金属矿的洗矿池均主要分布在 0~1km 范围内，煤矿较其他两类矿分布范围更广。煤矿工矿仓储景观分布范围为 1~10km，萤石矿工矿仓储景观分布范围为 0~1km、2~4km 和 7~10km，锡多金属矿工矿仓储分布范围为 0~1km 和 2~4km。煤矿工矿仓储景观分布范围最广，对草地的影响范围最大。交通用地、建筑用地和裸地景观的分布范围在煤矿、萤石矿和锡多金属矿缓冲区内的分布范围基本相同。煤矿水域分布在 5~10km 范围内，萤石矿水域分布在 7~10km 范围内，锡多金属矿水域分布在 1~9km 范围内，锡多金属矿水域分布范围最广，萤石矿分布范围最小。

从斑块数目上看，草地景观斑块数目锡多金属矿（9 321 个）>煤矿（9 253 个）>萤石矿（1 804 个）。这说明 0~10km 范围内煤矿对草地破碎度的影响最大，草地连续性最差。其中，矿坑景观的斑块数目萤石矿（5 个）>锡多金属矿（1 个）=煤矿（1 个），萤石矿矿坑破碎度最大，分布最分散。排土场景观斑块数目为煤矿（23 个）>萤石矿（10 个）>锡多金属矿（5 个）。说明煤矿排土场景观数量最多，分布最分散。洗矿池景观斑块数为煤矿（12 个）>锡多金属矿（3 个）>萤石矿（1 个），该类景观煤矿分布最广泛，对草地连续性影响最大。工矿仓储景观斑块数为煤矿（54 个）>萤石矿（42 个）>锡多金属矿（14 个）。表明开采煤矿所需工矿仓储最多，并且破碎度最大，分布最分散。裸地景观斑块数目为煤矿（11 918 个）>锡多金属矿（8 616 个）>萤石矿（6 683 个），但数量级上远远高于工矿仓储景观。说明其分布范围更广泛，且更加分散（表3-17）。

②景观类型水平的景观格局。

表3-18是0~10km范围缓冲区内景观水平上景观格局指数表，从景观多样性指数（SHDI）上看，0~1km范围内，萤石矿（0.811 8）>煤矿（0.725 8）>锡多金属矿（0.433 9）。1~2km、2~3km、8~9km和9~10km范围内，煤矿>萤石矿>锡多金属矿，这些范围内锡多金属矿多样性最低，异质性最弱。3~4km、4~5km、5~6km、6~7km和7~8km范围内为煤矿>锡多金属矿>萤石矿，这些区域内萤石矿景观异质性最弱，多样性最低。1~10km范围内煤矿景观多样性最大，景观异质性最大，对草地景

表3-17　典型矿10种景观斑块数目比较（2015年）

单位：个

矿名	辐射半径（km）	草地	矿坑	排土场	洗矿池	工矿仓储	交通	建筑用地	裸地	水域	耕地
煤矿	0~1	22	1	2			4		9		
	1~2	1 415		10	6	6	10		210		
	2~3	1 591		5	6	11	9	1	862		
	3~4	1 005		3		9	11	6	821		
	4~5	753		3		7	11	4	1 396		
	5~6	690				1	6	5	1 540	5	3
	6~7	585				4	7	9	1 519	1	4
	7~8	869				3	6	9	1 951		5
	8~9	1 100				2	25	4	1 893	1	2
	9~10	1 223				11	33	10	1 717	2	4
	总计	9 253	1	23	12	54	122	48	11 918	9	18
萤石矿	0~1	85	5	4	1	8	1		204		
	1~2	123					5	6	424		
	2~3	285	4	2		3	8	9	767		
	3~4	111		4		4	6	3	815		
	4~5	143	1				4	1	819		
	5~6	77					2	1	311		
	6~7	18	1				2	3	111		
	7~8	156	1			1	3	2	314	1	
	8~9	292				4	5	6	893	6	
	9~10	514	1			5	8	11	2 025	36	
	总计	1 804	12	10	1	25	44	42	6 683	43	

（续表）

矿名	辐射半径（km）	草地	矿坑	排土场	洗矿池	工矿仓储	交通	建筑用地	裸地	水域	耕地
	0~1	252	1	5		9	10		211		4
	1~2	415					5	1	297	3	7
	2~3	754	1		2	3	5	2	618	4	5
	3~4	698	5		1	2	7	2	888	1	5
	4~5	676					6	3	951	1	3
锡多金属矿	5~6	1 055					10	7	705	3	5
	6~7	1 166					8	12	967	6	8
	7~8	1 293	1				15	13	1 084	2	9
	8~9	1 280	3				20	24	1 430	1	
	9~10	1 732	1				17	18	1 465		3
	总计	9 321	12	5	3	14	103	82	8 616	21	49

表 3-18 2015 年不同矿区景观异质性变化

距离	煤矿			萤石矿			锡金多金属矿		
	SHDI	D	M	SHDI	D	M	SHDI	D	M
0~1km	0.725 8	0.549 0	12.088 4	0.811 8	0.582 8	98.104 5	0.433 9	0.566 1	156.626 4
1~2km	1.122 3	0.373 6	175.695 0	0.396 0	0.714 4	59.189 8	0.370 7	0.629 3	77.245 4
2~3km	1.226 5	0.369 7	158.111 0	0.485 6	0.729 0	68.362 6	0.314 6	0.685 4	88.746 3
3~4km	1.140 6	0.363 4	84.309 5	0.249 5	0.871 8	43.042 9	0.251 8	0.768 2	73.167 1
4~5km	0.727 9	0.593 8	76.847 8	0.183 4	0.867 7	34.180 0	0.246 3	0.753 7	58.003 9
5~6km	0.616 1	0.683 4	65.071 0	0.104 2	0.924 8	11.307 6	0.281 4	0.718 6	51.654 0
6~7km	0.634 2	0.674 1	52.100 0	0.039 3	0.975 6	3.303 5	0.281 7	0.718 3	53.059 9
7~8km	0.602 4	0.663 8	60.299 3	0.209 4	0.892 4	10.137 5	0.262 1	0.737 9	51.290 9
8~9km	0.668 6	0.656 4	56.652 1	0.396 7	0.778 6	22.568 4	0.228 9	0.771 1	51.697 6
9~10km	0.793 6	0.592 2	50.236 5	0.410 2	0.789 2	43.538 7	0.247 4	0.752 6	54.163 3

观土地利用最为丰富。各范围内的景观优势度比较结果均为萤石矿>锡多金属矿>煤矿，说明萤石矿缓冲区内的草地优势度最高，占主导地位，煤矿缓冲区内景观优势度最低。破碎度指数方面，0~1km 范围内为锡多金属矿（156.626 4）>萤石矿（98.104 5）>煤矿（12.088 4），反映出该区域内锡多金属矿破碎程度最严重，煤矿景观连续性较强。6~7km 和 9~10km 范围内破碎度指数排序为煤矿>锡多金属矿>萤石矿，说明这两个区域煤矿景观的破碎度最大，萤石矿的最小。1~6km 和 7~9km 范围内，景观破碎度指数为煤矿>锡多金属矿>萤石矿，煤矿景观破碎度最大，萤石矿最小。整体来看，三类矿中煤矿多样性最大，异质性最强，优势度最低，破碎度最大，对草地连续性影响最大。

四、小结

一是 2009—2015 年，典型露天煤矿 0~10km 缓冲区内，斑块水平上：草地面积明显减少，减少 10.6%，矿坑、排土场、洗矿池和工矿仓储面积明显增加。交通用地面积有所增加，建筑用地增加较为明显，增加了 178.1%。矿坑、排土场景观分布范围不变，洗矿池和工矿仓储景观分布范围增大。水域景观分布范围缩减距离矿区 0~5km 范围内水域消失。草地景观斑块数目增加，表面其破碎度增加，草地的连续性降低。矿坑斑块数不变，洗矿池斑块数增加一倍多，工矿仓储斑块数明显增加，交通和建筑用地斑块数增多，水域景观斑块数减少。说明矿山开采占用草地景观面积增多，对草地影响加重，随着矿产不断开采，道路和建筑用地增多；景观水平上：景观的多样性变大，异质性增强，破碎程度加重，从而导致优势度变小。

二是 2009—2015 年，典型露天萤石矿 0~10km 缓冲区内，斑块水平上：草地和水域景观斑块面积减少，矿坑、排土场、洗矿池、工矿仓储、交通用地以及建筑地斑块面积明显增加。

排土场、洗矿池和工矿仓储景观分布范围基本不变，矿坑分布范围扩大，建筑用地分布范围扩大。矿坑、排土场和工矿仓储斑块数目增多，洗矿池斑块数目不变，交通和建筑用地斑块数增加，水域景观斑块数与2009年相比基本持平。说明矿坑、排土场、洗矿池以及工矿仓储对草地的占用增多，且分布更加分散，范围更广。由于矿产的不断开采，导致交通和建筑地的面积增加，斑块数目增多。景观水平上：景观多样性增大、异质性增强，破碎度增大。景观优势度变小，说明各类景观分布更复杂化、均匀化。

三是2009—2015年，典型锡多金属矿0～10km缓冲区内，斑块水平上：草地面积明显减少，斑块数增多。矿坑面积减少，但排土场、洗矿池和工矿仓储面积明显增加，分别增加了25.37%、100%和68.3%。其中，洗矿池景观为新增景观。交通景观面积有所增加，建筑用地增加明显，增加了191.77%。矿坑、排土场和水域景观分布范围不变，工矿仓储景观分布范围增大。草地景观斑块数增多，破碎度增大，连续性降低。矿坑斑块数减少，排土场个数增加，且出现新的排土场景观，洗矿池景观为新增景观，数目为3个，工矿仓储斑块数明显增加。交通用地斑块数增多，水域景观斑块数减少。说明草地景观被占用面积增多，对草地影响加重，随着矿产不断开采，道路用地增多；景观水平上：整个景观的多样性变大，异质性增强，破碎程度变大，优势度下降。

四是2009年0～10km范围内，草地面积大小为萤石矿>锡多金属矿>煤矿。矿坑、排土场、洗矿池和工矿仓储四类景观中，锡多金属矿被占用面积最小，煤矿被占用面积最大。交通和建筑用地面积锡多金属矿最大，煤矿第二，萤石矿最小；排土场、洗矿池以及工矿仓储范围最大的是煤矿，范围第二大的是萤石矿，分布范围最小的是锡多金属矿；草地景观斑块数目煤矿

（6 238 个）>萤石矿（2 688 个）>锡多金属矿（2 683 个）。这说明 0~10km 范围内煤矿对草地破碎度的影响最大，草地连续性最差。排土场、洗矿池、工矿仓储以及裸地斑块数目大小为煤矿>萤石矿>锡多金属矿；1~10km 范围内煤矿景观多样性最大，景观异质性最大，对草地景观土地利用最为丰富。萤石矿缓冲区内的草地优势度最高，占主导地位，煤矿缓冲区内景观优势度最低。整体来看，三类矿中煤矿多样性最大，异质性最强，优势度最低，破碎度最大，对草地连续性影响最大。

五是 2015 年 0~10km 缓冲区内，斑块水平上：草地景观面积排序为萤石矿>锡多金属矿>煤矿，说明三类矿中对草地占用最大的为煤矿，占用最少的为萤石矿，排在中间的是锡多金属矿。矿坑、排土场、洗矿池、工矿仓储四类景观的面积均为煤矿>萤石矿>锡多金属矿，且煤矿中这四类景观面积明显大于其他两类矿，对草地的挖损、压扎、占用均明显高于其他两类矿。交通用地景观面积为锡多金属矿>煤矿>萤石矿。建筑用地面积为锡多金属矿>萤石矿>煤矿。排土场占用草地的范围为煤矿>萤石矿>锡多金属矿。煤矿的洗矿池和工矿仓储景观较其他两类矿分布范围更广。交通用地、建筑用地和裸地景观的分布范围在煤矿、萤石矿和锡多金属矿缓冲区内的分布范围基本相同。草地景观斑块数目煤矿>锡多金属矿>萤石矿，这说明 0~10km 范围内煤矿对草地破碎度的影响最大，草地连续性最差。排土场和工矿仓储斑块数目为煤矿>萤石矿>锡多金属矿。洗矿池和裸地景观斑块数为煤矿>锡多金属矿>萤石矿。矿坑景观的斑块数目萤石矿>锡多金属矿=煤矿。景观水平上：景观多样性指数的分布为 0~1km 范围内，萤石矿（0.811 8）>煤矿（0.725 8）>锡多金属矿（0.433 9）。1~2km、2~3km、8~9km 和 9~10km 范围内，煤矿>萤石矿>锡多金属矿。3~4km、4~5km、5~6km、6~7km 和 7~8km 范围内为煤矿>锡多金属矿>萤石矿。各范围内的景观优势度比较结果均为萤石矿>锡多金属矿>煤矿，说明萤石矿缓冲区内的草地优势度最高，占主导地位，煤矿缓冲区内景观优势度最低。破碎度指数方面，0~1km 范围内为锡多金属矿（156.626 4）>萤石矿（98.104 5）>煤矿（12.088 4），反映出该区域内锡多金属矿破碎程度最严重，煤矿景观连续性较强。6~7km 和 9~10km 范围内破碎度指数排序为煤矿>锡多金属矿>萤石矿，说明这两个区域煤矿景观的破碎度最大，萤石矿的最小。1~6km 和 7~9km 个范围内，景观破碎度指数为煤矿>锡多金属矿>萤石矿，煤矿景观破碎度最大，萤石矿最小。整体来看，三类矿中煤矿多样性最大，异质性最强，优势度最低，破碎度最大，对草地连续性影响最大。

第四节 典型矿区 5km 缓冲区土壤 重金属分布特征

我国矿产资源丰富，矿产开采已经成为推动我国经济增长和社会活动的重要方式之一，矿产开采在拉动当地经济增长的同时给当地的生态环境带来一系列严重的影响（和建萍和施汉昌，2013）。我国北方存在着一些生态比较脆弱的草原地区，而大部分大型的露天矿区均分布在这些地区，由于这些草原区地处干旱、半干旱地区，其植被的覆盖率较低，更容易造成当地的水土流失和土地荒漠化（白中科和李晋川，1999）。由于其生态环境本来就脆弱，加之矿产的开采，使得当地草原的生态系统的进一步恶化，从而受到广泛关注（王子艳，2010）。矿产开采对草原矿区的影响主要表现在对矿区植被、土壤、景观以及牧民生产生活等方面的影响。而对矿区土壤重金属的研究受重视程度越来越高。

一、样地设置

利用 Google Earth 遥感影像解译典型煤矿和萤石矿的边界，以矿区整体的中心为中心并在矿区边界处的顺风向（东南）、逆风向（西北）以及侧风向（东北和西南）各设置一个初始点。之后，根据实地情况从每个起始点出发利用 GPS 沿着四个方向进行打点并记录（岳征文等，2017）。在距离中心 2km 以内每隔 200m 设置一个点，距中心点 2～5km 之间每隔 500m 设置一个点，每一个方向上打 16 个样点。同时在距离矿区中心 20km 以外，沿顺风、逆风和侧风四个方向设对照点。

二、土壤样品的采集

在每一个样点上随机选取 3 个点设置 1m×1m 的调查样方，并为每个样方编号。取样时，将每个样方上的植被以及其他杂物清理，之后在每个取样点上使用直径为 5cm 的土钻分三层取土，每层分别为 0～10 cm、10～20 cm、20～30 cm。每个样方做三次重复，将每层土壤混合均匀后，用自封袋封装并标记后，带回实验室进行分析。将带回的土样风干后去除杂质并过 100 目的筛子，之后继续下一步分析（程晓东等，2004；王淼等，2012）。

三、土壤重金属含量测定

根据查阅相关文献，开矿对土壤重金属的污染主要是 Pb、Cr、Cu、Zn、As、Mn、Ni、Fe、Co 等重金属的污染，故从中选取 Zn、Cr、Cu、Ni、Mn 和 Co 6 种重金属元素进行研究，全量测定方法采用 HNO_3-HCl-$HClO_4$ 开放式消煮法，仪器选用电感耦合等离子体发射光谱仪（陈国娟，2017；张六一等，2014），并对实验进行试剂校正和空白实验。同时，与国家土壤环境质量二级标准和当地背景值进行对比。

四、数据分析与处理

将所有数据均录入成电子版，并在 Excel 2007 中进行前期的统计工作；相关分析、主成分分析和聚类分析使用 SPSS 22；作图采用 Sigma Plot 12.0 （Systat Software Inc.）。

五、结果与分析

1. 5km 缓冲区土壤重金属含量总体分析

如表 3-19 所示，煤矿缓冲区内 6 种重金属含量的平均值中，Mn 最大，第二是 Cr，Zn 为第三，平均含量最小的是 Cu。虽然所有元素的均值都在《土壤环境质量 农用地土壤污染风险管控标准（试行）》（GB 15618—2018）的范围之内（罗成科等，2017；马成玲等，2006），但 Cr 在顺风向 0~1km 范围的样点上、逆风向 0.2~1.6km 范围的样点上和侧风向（西南）0.2~0.5km 范围的样点上均高于内蒙古背景值，这就说明矿产的开采对当地土壤存在着一定的干扰。

变异系数可以用来表示人类活动对矿区土壤重金属的干扰程度，Mn 为变异系数最大的一类元素，达到 84.59%，而 Cu 的变异系数为 38.53%，在所有元素中最小。且均大于 10%，小于 100%，所有元素均在中度变异性的范围内，说明人类的活动对这几类元素存在较大的影响。

与从表 3-19 中可以得出，露天萤石矿与煤矿相比缓冲区内土壤中 6 种元素的平均值最大的仍然是 Mn，且均值高于露天煤矿中 Mn 均值，达到 385.85mg/kg。其次为 Zn 和 Ni，且两种元素含量均值均高于露天煤矿。Cu 和 Co 最小，其均值却大于露天煤矿。露天萤石矿中 Cu 和 Ni 的平均值都比内蒙古土壤的背景值要高，且 Zn 和 Cr 在顺风向 0.2km 处样点土壤重金属平均含量均高于当地的背景值。这表示该缓冲区内人类的活动对土壤造成了一定的影响。

6 种重金属元素中只有 Co 的变异系数低于 10%，Zn 的变异系数最大达到 20.22%。除 Co 以外的其他缓冲区内的元素均在一定程度上受到人类活动的影响。

表 3-19　煤矿缓冲区内土壤重金属元素统计分析

重金属	平均值（mg/kg）	最小值（mg/kg）	最大值（mg/kg）	变异系数（%）	背景值① （mg/kg）	国家标准② （mg/kg）	样本数量（个）
Zn	16.08	3.13	39.24	57.13	48.60	300	64
Cr	23.11	5.36	63.78	66.78	36.50	250	64
Cu	2.38	0.93	6.99	54.18	12.90	100	64
Ni	8.11	3.47	15.91	38.53	17.30	60	64
Mn	136.63	7.39	395.56	84.59	446.00	—	64
Co	2.44	0.28	9.27	72.95	—	—	64

注：①表示内蒙古自治区土壤环境背景值；
②表示国家土壤环境质量二级标准。

表 3-20　萤石矿缓冲区内土壤重金属元素统计分析

重金属	平均值（mg/kg）	最小值（mg/kg）	最大值（mg/kg）	变异系数（%）	背景值（mg/kg）	国家标准（mg/kg）	样本数量（个）
Zn	37.90	22.59	56.94	20.22	48.60	300	64
Cr	25.88	17.73	41.18	13.75	36.50	250	64
Cu	13.04	9.87	16.56	11.35	12.90	100	64
Ni	33.77	20.38	41.48	14.32	17.30	60	64
Mn	385.85	266.04	523.19	11.52	446.00	—	64
Co	9.42	7.10	11.61	9.45	—	—	64

2. 距矿区中心不同距离土壤重金属含量变化分析

对露天煤矿和露天萤石矿缓冲区内 6 种重金属随着距矿区中

心距离的增加其含量的变化进行了计算，从而得出两种类型的露天矿缓冲区内的土壤重金属空间的分布特征。从图 3-4 中可以得出，整体来看，露天煤矿 0~5km 缓冲区内重金属元素 Zn、Cr 和 Cu 的含量有降低的趋势。并且从矿区中心到 3.5km 的范围内下降速率比较快，从 3.5km 后下降速率变缓。Ni、Mn 和 Co 在顺风向、侧风向上随距矿区中心距离的增加而降低，逆风向上有随着距离的增加而含量增加的趋势。对每个元素分别具体来看，各元素在不同方向不同距离上的分布特征也不同。

如图 3-4a 所示，Zn 随着距矿区距离的增加，在侧风向（西南）和逆风向上有先增加后降低的趋势，西南方向在 0~1km 范围内增加，1km 处达到最大值，后开始降低；西北方向上在 0~0.2km 呈上升趋势，0.2km 处达到最大值，后开始降低。顺风向和侧风向（东北）上的变化趋势均为随距离增加而降低。0~5km 内降幅分别为 90.29% 和 72.27%。且在下降的过程中均出现不规律性的波动。

如图 3-4b 所示，Cr 在顺风向和侧风向（东北）上的含量，表现出随着距矿区中心距离的不断增加而上下波动下降的趋势。并于距中心 5km 处均降到最低点。其他两个方向则有先升高而后降低的趋势，分别于 0.8km 和 0.4km 处达到出现极值，之后呈现上下波动下降的趋势，且于 5km 处出现最小值。

如图 3-4c 所示，Cu 含量在不同方向与前两种元素的分布特征相似，在侧风向（西南）和逆风向上均随距离的增加，呈现先升高后降低的趋势。分别于 1.6km 和 1.2km 处到达峰值，随后迅速降低，且呈现波动性下降，侧方向（西南）波动较大，逆风向较平稳，并分别于 5km 和 4.5km 处降到最低处。顺风向和侧风向（东北）方向均为从起始点开始不断下降。

如图 3-4d 所示，顺风向 Ni 含量不断减少，并且在距中心 3.5km 处开始表现为上下波动式的下降趋势。侧风向（西南）和

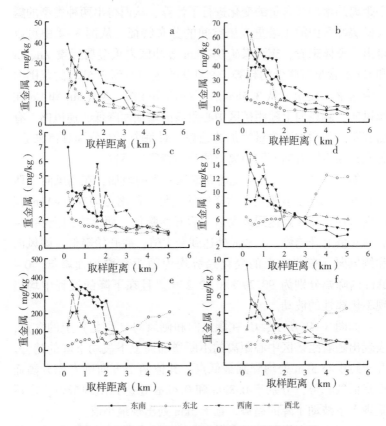

图 3-4 煤矿土壤重金属含量随采样距离的变化

逆风向分别于 1km 和 0.4km 样点处出现极大值，随后开始降低。然而，侧风向（东北）则表现为先降至最低点后有上扬趋势，并于距中心 3km 样点处出现迅速上升到最大值之后变化平缓。

如图 3-4e 所示，每一个方向上 Mn 的含量和 Ni 的含量具有相似的变化规律。侧风向（西南）和逆风向分别于 0～0.8km 和 0～0.2km 范围内升高至最大值，之后表现为下降趋势。顺风向从起始点开始呈现下降趋势，且在 0~2km 范围内下降速率较为平缓，于 2km 处开始迅速下降，之后又趋于平缓下降至最低点。侧风向（东北）方向则从起始点开始波动升高并于 5km 到达最高点，含量值为 206.74mg/kg。

如图 3-4f 所示，侧风向（东北）Co 的含量从起始点开始一直表现为升高的趋势。顺风向呈现与之相反的变化特征，0km 处最大，随后呈波动式逐渐降低至 5km 处达到最低值。侧风向（西南）和逆风向的含量则分别于 0.8km 和 0.4km 样点处出现极值，且变化速率最快的区间均为 0.8~1.6km 的范围内，在区间 3.5~5km 内变化速率趋于平缓。

如图 3-5 所示，相比于露天煤矿，露天萤石矿 0~5km 缓冲区内的 6 种重金属分布特征的变化整体上更为平缓。其中图 3-5a 中显示出，Zn 的含量在对应点上均高于露天煤矿 Zn 的含量，在侧风向（西南）和逆风向均呈现先升高后降低的趋势，与露天煤矿相似，但其最大值点较煤矿更为一致，均在 1.6km 处达到最大。顺风向与侧风向（东北）方向的变化规律为随着距离的增加逐渐降低，但其波动幅度小于煤矿的波动幅度。

如图 3-5b 所示，Cr 的变化幅度与露天煤矿相比整体较小。侧风向（西南）和逆风向的含量均于 1.6km 处到达峰值，后开始减少，其变化幅度分别为 27.91% 和 35.16%。顺风向呈现随距矿区中心距离的增加而波动下降的趋势，其下降速度与幅度均低于露天煤矿。侧风向（东北）的含量变化规律不明显，但变化幅度基本与其他两个方向相同。

如图 3-5c 所示，Cu 四个方向上的变化规律基本上相同，只是在峰值点上略有不同。侧风向（西南）和逆风向在 0~1.6km 内均呈波动上升趋势，1.6km 处达到最大值，后开始下降。顺风向和侧风向（东北）方向分别于 0.6km 和 0.6km 处到达峰值，后含量开始波动降低。且其 4 个方向上的波动性与露天煤矿相比

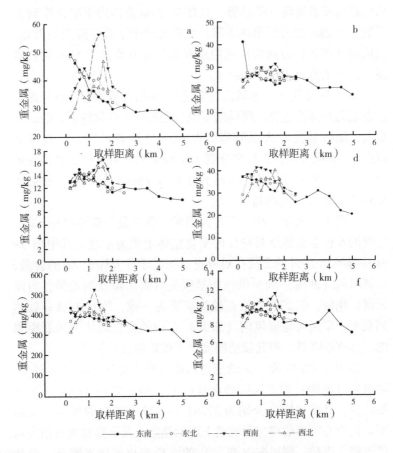

图 3-5 萤石矿土壤重金属含量随采样距离的变化

更平缓，规律性更强。

从图 3-5d 中可以看出，萤石矿 Ni 与煤矿 Ni 相比波动范围更小，整体上变化幅度介于 10.77% ~ 45.14%。其中，侧风向均为先升高后降低趋势，且均于 0.8km 处达到最大值，之后开始下降。逆风向的含量表现为非线性增长趋势，并于 1.6km 处到达峰值后开始有下降的趋势。顺风向 Ni 的含量在 0~1.6km 区间内表现出线性下降的趋势内，之后在该方向的样带上表现为非线性不断下降的趋势。

不同方向上 Mn 随距离增加的变化趋势与典型露天煤矿相比各有不同，侧风向（东北）煤矿呈现升高的趋势，而萤石矿则呈现先升高后降低的趋势，并在 0.6km 处达到最大。侧风向（西南）虽然呈现规律与煤矿相似，均为先升高后降低，但其波动范围不同，最大值点不同，萤石矿在 1.2km 达到最大值，且对应点含量均高于煤矿。顺风向均为随距离增加而下降趋势，但该矿的下降更为平缓，区间更小（图 3-5e）。

萤石矿 Co 与煤矿 Co 相比在各个方向上的变化幅度较小，变化趋势较不明显。顺风向变化趋势与煤矿相似，但在 4km 出现异常升高，后又开始降低。其余三个方向上均为先升高后降低趋势，侧风向（东北）方向在 0.6km 处到达最大值，并于下降过程中出现第二个升高降低趋势。侧风向（西南）和逆风向分别在 1.6km 和 1.2km 处达到峰值（图 3-5f）。

3. 不同风向土壤重金属含量差异分析

通过对两个矿区缓冲区内的重金属元素进行初步的统计分析发现，矿区缓冲区内的重金属元素在不同方向上的含量都存在着很大的差异。

从表 3-21 中可以得出，煤矿缓冲区内含量最高的 Mn 平均值由高到低的排列顺序为：东南>西南>西北>东北。顺风向上的平均含量为 205.74mg/kg，侧风向（东北）的平均含量与顺风向相差 115.84mg/kg。缓冲区内含量第二高的元素为 Cr，其平均含量从高到低的排列顺序为：西南>东南>西北>东北，其含量最低方向与最高方向相差 19.56mg/kg。该缓冲区内 Zn、Cu 和 Co 的平均值由高到低的排列顺序相同都为：西南>东南>西北>东北，但含量相差比较悬殊，Zn 的平均含量明显高于 Co 和 Cu。Ni 逆风向含量最高，侧风向（西南）次之，侧风向（东北）平均含量值最小。西北方向与东北方向上含量的差值为 1.7mg/kg。

表 3-21　煤矿缓冲区内不同方向土壤重金属含量

方向	Zn（mg/kg）	Cr（mg/kg）	Cu（mg/kg）	Ni（mg/kg）	Mn（mg/kg）	Co（mg/kg）	样本数量（个）
东南	17.36	27.10	2.53	7.81	205.74	2.81	16
东北	12.73	10.62	1.58	7.39	89.90	1.72	16
西南	20.59	30.18	2.93	8.17	166.18	3.04	16
西北	13.62	24.53	2.50	9.09	103.44	2.20	16

从表 3-22 中得到的结论为：萤石矿中四个方向上的 Mn 平均含量分别高于煤矿，且其最高平均含量在西南方向上，最低在东南方向，为 362.01mg/kg，与最大值差 60.09mg/kg。该矿缓冲区内 Zn 和 Ni 的含量较 Mn 含量低，但比煤矿中 Zn 和 Ni 的含量高，特别是 Ni，显著高于煤矿缓冲区内的 Ni 平均含量。萤石矿缓冲区内 Cu 含量的平均值要明显高于煤矿缓冲区内的 Cu 均值含量。Cr 在煤矿和萤石矿缓冲区内的含量均值差别不大。萤石矿各个方向上的 Co 的平均含量仍然高于煤矿 Co 的平均含量，且四个方向上西南方向最高，东南方向最低。

表 3-22　萤石矿缓冲区内不同方向土壤重金属含量

方向	Zn（mg/kg）	Cr（mg/kg）	Cu（mg/kg）	Ni（mg/kg）	Mn（mg/kg）	Co（mg/kg）	样本数量（个）
东南	34.44	24.74	12.19	31.04	362.01	8.95	16
东北	39.13	25.63	12.52	34.19	383.74	9.29	11
西南	43.63	27.54	14.27	37.31	422.10	10.14	11
西北	35.55	26.17	13.67	33.77	386.48	9.53	9

4. 缓冲区土壤重金属来源分析

目前，对土壤重金属来源分析使用比较广泛且行之有效的分析方法是因子分析中的主成分分析和相关性分析。煤矿缓冲区内土壤重金属之间的相关性分析如表 3-23 所示。其中 Zn 和 Co 相关系数最低，Mn 和 Co、Ni 和 Co 相关性较高，相关系数达 0.742 和 0.629，相关系数数值在 0.388~0.742（表 3-23）。可以初步推断，Mn、Ni 和 Co 三种元素的地球化学性质相近，在相同的外界环境条件下其变化趋势基本一致，具有相同的来源且极有可能来源于露天煤矿开采过程中产生的粉尘。而 Cu、Zn、Cr 为其他来源。

表 3-23　煤矿土壤重金属含量的相关系数

元素	Zn	Cr	Cu	Ni	Mn	Co
Zn	1.000					
Cr	0.524	1.000				
Cu	0.458	0.584	1.000			
Ni	0.495	0.580	0.395	1.000		
Mn	0.394	0.549	0.551	0.450	1.000	
Co	0.388	0.462	0.394	0.629	0.742	1.000

萤石矿缓冲区内土壤重金属间的相关性分析如表 3-24 所示。其中 Zn 和 Mn 相关系数最低，Co 和 Zn、Co 和 Cr、Co 和 Cu、Co 和 Ni 相关性较高，相关系数分别为 0.660、0.638、0.640、0.638，而 Co 和 Mn 的相关系数较低，为 0.534，相关系数数值在 0.457~0.660（表 3-24）。可以初步推断，Co 和 Zn、Co 和 Cr、Co 和 Cu、Co 和 Ni 的地球化学性质相近，在相同的外界环境条件下其变化趋势基本一致，来源基本相同且极有可能来源于露天萤石矿开采所产生的粉尘。而 Mn 与以上元素不同，为单独来源。

表 3-24　萤石矿土壤重金属含量的相关系数

元素	Zn	Cr	Cu	Ni	Mn	Co
Zn	1.000					
Cr	0.546	1.000				
Cu	0.532	0.573	1.000			
Ni	0.544	0.476	0.535	1.000		
Mn	0.457	0.581	0.489	0.577	1.000	
Co	0.660	0.638	0.640	0.638	0.534	1.000

使用最大方差旋转的方法对重金属来源进行主成分分析比较流行，故使用该方法对两种露天矿缓冲区内的重金属元素进行分析。其中露天煤矿缓冲区内的分析结果如表 3-25 所示，从初始特征值中的累计方差可以看出，到第二个主成分时累积贡献率达到 72.085%，可以解释将近 75% 的总方差。旋转前只有一个主成分的特征根大于 1，而旋转后则有两个特征根大于 1，故可以将该矿缓冲区内的重金属提取为 2 个主成分，其累积方差贡献为 72.085%。

表 3-25　煤矿土壤重金属含量主成分方差贡献

主成分	初始特征值			提取平方和载入			旋转平方和载入		
	总计	方差(%)	累积方差(%)	总计	方差(%)	累积方差(%)	总计	方差(%)	累积方差(%)
1	3.540	58.998	58.998	3.540	58.998	58.998	2.858	47.625	47.625
2	0.785	13.087	72.085	0.785	13.087	72.085	1.468	24.459	72.085
3	0.670	11.160	83.244						
4	0.474	7.907	91.152						
5	0.357	5.945	97.097						
6	0.174	2.903	100.000						

根据各主成分旋转载荷矩阵如表 3-26 所示可以得出，第一

主成分主要反映的是 Zn、Cr 和 Cu 元素的组成信息，贡献率为 47.63%；第二主成分主要反映 Ni、Mn 和 Co 的组层信息，贡献率为 24.46%。

表 3-26　煤矿土壤重金属含量主成分分析

重金属元素	第一主成分	第二主成分
Zn	0.831	−0.053
Cr	0.830	0.172
Cu	0.789	0.088
Ni	0.630	0.453
Mn	0.525	0.709
Co	0.428	0.848

　　萤石矿分析结果如表 3-27 所示根据表中给出的初始特征值可以看出，前 2 个主成分的累积方差贡献率已经达到 73.298%，可以解释接近 75% 的方差总贡献，旋转前提取的第一个主成分的特征值大于 1，旋转后提取的 2 个主成分的特征根均大于 1。因此，该矿区缓冲区内土壤重金属可以提取为 2 个主成分，累积贡献率达 73.298%。

表 3-27　萤石矿土壤重金属含量主成分方差贡献

主成分	初始特征值			提取平方和载入			旋转平方和载入		
	总计	方差(%)	累积方差(%)	总计	方差(%)	累积方差(%)	总计	方差(%)	累积方差(%)
1	3.813	63.544	63.544	3.813	63.544	63.544	2.547	42.444	42.444
2	0.585	9.754	73.298	0.585	9.754	73.298	1.851	30.854	73.298
3	0.530	8.841	82.139						
4	0.458	7.633	89.772						
5	0.343	5.712	95.484						
6	0.271	4.516	100.000						

同样从表 3-28 中可以得出，萤石矿中的第一主成分主要反映元素 Zn、Cr、Cu、Ni 和 Co 元素的组成信息，其贡献率为 42.44%；第二主成分主要反映 Mn 的信息，贡献率为 30.86%。

表 3-28　萤石矿矿土壤重金属含量主成分分析

重金属元素	第一主成分	第二主成分
Zn	0.849	0.193
Cr	0.584	0.548
Cu	0.731	0.349
Ni	0.514	0.618
Mn	0.224	0.926
Co	0.798	0.390

系统聚类法（分层聚类）是目前应用较多的一种聚类分析方法，缓冲区土壤中元素的相关性或亲属关系可以在分层聚类树状图中得到直观的反应，可有效揭示土壤重金属污染物的来源（刘巍等，2016）。本研究以相关系数为距离测度的方法，采用组间连接法对煤矿缓冲区内土壤中 6 种重金属进行聚类分析，分析结果如图 3-6（a）聚类树状图所示，该缓冲区内 6 种土壤重金属可分为两聚类，第一聚类包括 Mn、Co 和 Ni，第二聚类为 Cr、Cu 和 Zn。该分析与主成分分析的结果基本相同，故可以基本上认定 Mn、Co、Ni 来源相同，Cr、Cu、Zn 为相同来源。

对萤石矿缓冲区内土壤重金属做相同的分析，分析结果如图 3-6（b）聚类图所示，该矿缓冲区内 6 种重金属同样分为两个聚类。第一聚类包括 Cu、Co、Zn、Ni 和 Cr，第二聚类为 Mn。其结果同样与主成分分析所得结果一致，所以可以认定 Cu、Co、Zn、Ni 和 Cr 来源相同，Mn 则有单独来源。

六、小结

一是煤矿缓冲区内土壤重金属 Zn、Cr 和 Cu 在各风向上均

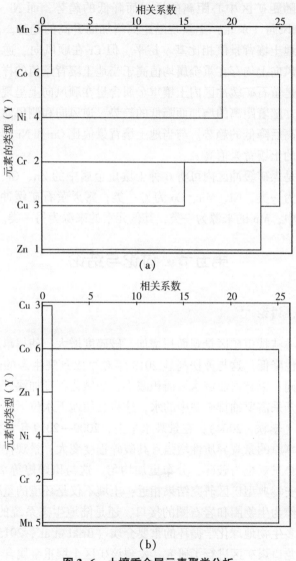

图3-6 土壤重金属元素聚类分析

表现为随距矿区中心距离的增加而降低的趋势，而 Ni、Mn 和 Co 在侧风向（东北）上呈现随距离增加而升高的趋势。所有元素与当地土壤背景值相比基本持平，但 Cr 在顺风向、逆风向和西南侧风向上均存在重金属均值高于当地土壤背景值的样点。

二是萤石矿缓冲区内土壤重金属含量在顺风向上呈现中心区最高，并随着距离的增加而降低的趋势，逆风向和侧风向上均呈现先增高后降低的趋势。与当地土壤背景值比 Cu 和 Ni 的含量均比当地的土壤背景值高。

三是煤矿缓冲区内可将 6 种土壤重金属中的 Zn、Cr、Cu 的来源归为一类，Ni、Mn、Co 为另一类；露天萤石矿缓冲区内 6 种元素中，Mn 的来源为一类，其他元素的来源为另一类。

第五节 讨论与结论

一、讨论

锡林浩特市矿区景观面积增加，破碎度增大，使得草原景观的连续性降低。这与苏楞高娃 2013 年对草原景观生态的研究的结果相同；锡林河流域水域面积减小，盐碱化程度加深。这是因为煤的开采需要抽排矿井中的水，这将会使地下水位下降，水流量减少（李轶，2004）；在景观水平上，2009—2019 年典型矿缓冲区内草原的景观异质性增强且其破碎程度变大；景观优势度降低，优势景观更为破碎，分布更加均匀。这与田婷婷等 2015 年对大兴安岭典型矿区研究结果相近；土壤不仅是环境的重要组成部分，作为生物圈和岩石圈的接口，还是陆地生态系统的基础，更是许多生物地球化学循环的重要介质（Briki et al.，2015）。刘硕等对龙口煤矿区进行了研究，发现该矿区土壤重金属含量空间分布呈现东西部含量较低，中部以及周围含量最高的特征（刘硕等，2016a）；高鹏等对太原市城区周边的土壤中的重金属（Cu、Zn、Ni、Cr、Pb、Cd、Hg 和 As）进行测定，得出除 As 元素含量在东北部较高之外，其他元素均在研究区的南部含量较高（高鹏等，2015）；该矿在矿区西南向设置的采样点沿着道路并与锡林浩特市临近，除受到风向的影响外，也受到道路交通和锡林浩特市的影响，因为矿产开采、交通以及城市活动等人为的干扰是影响土壤重金属空间分布的重要原因（黄哲等，2017；张海威等，2017）；露天萤石矿区土壤重金属各个方向上的分布特征为西南与西北方向含量较高，根据实地调研该矿西向有大片水域，且西向较东向地势条件更有利于大气粉尘的扩散，可能受到地下水以及地势条件的影响，所以整体上西向比东向的重金属含量要高（陈峰等，2006）；本研究与杨勇等在对露天煤矿土壤重金属变化规律的研究中重金属含量随着与矿区距离的增加而减小基本一致（杨勇等，2016）。西北方向所有重金属元素整体均呈现升高趋势。其中，Zn、Cr 和 Mn 含量均低于背景值，Ni 所有点均高于背景值。Cu 于 0.6~1.8km 上的点高于背景值。这是因为研究区内的地形地貌及风向、水域等是影响重金属迁移的重要条件（王心义等，2006）。目前对重金属来源的分析主要的研究方法是应用相关性分析，主成分分析以及聚类分析等（王漫漫，2016；张丹，2014）。

二、结论

一是 1995—2015 年，锡林浩特市全境内矿区类型、数量以及面积均显著增加，增幅分别为增加了 71.43%、220% 和 154.2%。矿区周围建筑用地、交通用地和盐碱地面积显著增加。草地和水域的面积明显减少；整个草地景观的多样性增大，异质性增强，景观破碎程度变大。

二是 2009—2015 年，典型露天煤矿、萤石矿和锡多金属矿

10km缓冲区内草地面积显著减少、草地景观斑块数、景观多样性、破碎度等均明显增加。矿产开采给矿区草原景观造成了巨大破坏，具体变化如下。

露天煤矿矿区草地面积减少10.6%，矿坑、排土场、洗矿池、工矿仓储、交通和建筑用地面积增加，增幅分别为729%、94.88%、73.6%、143.39%、0.45%和178.1%。其中，矿坑、排土场和洗矿池集中分布在0~5km范围内。交通和建筑用地集中分布在4~8km范围内。洗矿池、工矿仓储、交通和建筑用地景观斑块数目增加。草地更加破碎，水域斑块数目减少。

露天萤石矿矿区草地和水域景观面积减少，矿坑、排土场、洗矿池、工矿仓储、交通用地以及建筑地面积明显增加，增幅分别为84.71%、85.79%、269.39%、28.03%、33.33%和44.82%。其中，矿坑、排土场、洗矿池集中分布在0~4km范围内，4km范围之外基本没有分布。工矿仓储集中分布在7~10km范围内。矿坑、排土场、工矿仓储、交通和建筑用地斑块数目增多，洗矿池数目保持不变。

锡多金属矿矿区草地和矿坑面积明显减少，但排土场、洗矿池、工矿仓储、交通和建筑用地面积明显增加，增幅分别为25.37%、100%、68.3%、7.29%和191.77%。其中，矿坑、排土场和工矿仓储全部分布在0~1km范围内。交通和建筑用地集中分布在7~10km范围内。排土场、工矿仓储和交通景观斑块数增多，破碎度增大，连续性降低，对草地影响加重。

三是三个典型矿区相比较，煤矿对草地的影响最大，锡多金属矿第二，萤石矿第三，从2015年来看，煤矿对草地占用最大，萤石矿占用最少，排在中间的是锡多金属矿；矿坑、排土场、洗矿池、工矿仓储四类景观的面积均为煤矿矿区最大，锡多金属矿最小，萤石矿排在中间，且其在煤矿中的占地面积远远大于其他两类矿，说明煤矿对草地的破坏均明显高于其他两类矿；2009

年草地景观斑块数目为煤矿>萤石矿>锡多金属矿，2015年草地景观斑块数目煤矿>锡多金属矿>萤石矿，这说明0~10km范围内煤矿对草地破碎度的影响最大，草地连续性最差。排土场、工矿仓储、洗矿池和裸地景观斑块数目均为煤矿最大，萤石矿第二，锡多金属矿最小；整体来看，三类矿中煤矿多样性最大，异质性最强，优势度最低，破碎度最大，对草地连续性影响最大。与2009年相比，各类景观指数均明显增加。

四是煤矿5km缓冲区内土壤重金属Zn、Cr和Cu在各风向上均表现为随距矿区中心距离的增加而降低的趋势。大多元素与当地土壤背景值相比变化不大，只有Cr在顺风向、逆风向和西南侧风向上均存在均值高于当地土壤背景值的样点。

萤石矿5km缓冲区内土壤重金属含量在顺风向上呈现矿区中心区最高，并随着距离的增加而降低的趋势，逆风向和侧风向上均呈现先增高后降低的趋势。与当地土壤背景值比，Cu和Ni的均值均比当地的土壤背景值高。

煤矿缓冲区内可将6种土壤重金属中的Zn、Cr、Cu的来源归为一类，Ni、Mn、Co归为另一类；露天萤石矿缓冲区内6种元素中，Mn的来源归为一类，其他元素的来源归为另一类。

参考文献

白建峰，史永红，崔龙鹏，等，2004.煤矸石堆积对矿区土壤中重金属的影响［J］.安徽理工大学学报（自科版），24（s1）：10-15.

白中科，李晋川，1999.大型露天煤矿生态系统受损研究——以平朔露天煤矿为例［J］.生态学报，19（6）：870-875.

柴军，2008.新疆牧民生产决策行为与草地退化问题研究

[D]. 北京：中国农业科学院.

陈峰，胡振琪，柏玉，等，2006.矸石山周围土壤重金属污染的生态风险评价 [J]. 农业环境科学学报（9）：575-578.

陈国娟，2017.ICP-MS等离子体质谱法测定稀散元素矿石中重金属元素含量 [J]. 当代化工，46（3）：563-565.

陈三雄，谢莉，陈家栋，等，2012.露天开采矿区土壤重金属污染状况评价 [J]. 南京林业大学学报（自然科学版），36（3）：59-63.

程若坤，杨春亮，武进芳，等，2007.内蒙古锡林郭勒盟矿产资源概况 [J]. 矿物学报，27（s1）：492-493.

程晓东，2004.基本农田土壤环境质量监测中的质量保证和质量控制实践 [J]. 农业环境与发展（3）：40-43.

豆存艳，2012.青藏高原高寒草地有毒植物黄帚橐吾的野外菌根生态学特征及其种子萌发特性研究 [D]. 兰州：兰州大学.

段丽丽，2012.白云鄂博矿区土壤重金属污染地球化学评价 [J]. 山东理工大学学报（自然科学版），26（6）：23-28.

方晓波，史坚，廖欣峰，等，2015.临安市雷竹林土壤重金属污染特征及生态风险评价 [J]. 应用生态学报，26（6）：1883-1891.

冯雨林，杨佳佳，吴梦红，2016.基于景观转移矩阵的黑龙江双河自然保护区土地覆被转移研究 [J]. 地质与资源，25（5）：500-504.

高鹏，刘勇，苏超，2015.太原城区周边土壤重金属分布特征及生态风险评价 [J]. 农业环境科学学报，34（5）：866-873.

高彦鑫，2012.北京密云水库上游金属矿区土壤中重金属污染及风险评价［D］.北京：首都师范大学.

关春竹，张宝林，赵俊灵，等，2017.锡林浩特市露采煤炭区土地利用的扰动分析［J］.环境监控与预警，9（2）：14-18.

郭美楠，2014.矿区景观格局分析、生态系统服务价值评估与景观生态风险研究［D］.呼和浩特：内蒙古大学.

郭晓妮，刘晓农，宋亚斌，等，2016.基于 Fragstats 的海南省东方市景观格局动态研究［J］.中南林业调查规划，35（1）：30-33.

何春萌，2013.经济利益驱动下的资源开采对人类生存环境的影响——以乌拉特后旗为例［J］.前沿（20）：132-133.

和建萍，施汉昌，2013.滇西北高海拔生态脆弱地区矿产资源开采的潜在生态风险与控制对策研究［J］.环境影响评价，35（s1）：1-6.

黄兴星，朱先芳，唐磊，等，2012.北京市密云水库上游金铁矿区土壤重金属污染特征及对比研究［J］.环境科学学报，32（6）：1520-1528.

黄哲，曲世华，白岚，等，2017.包头城区土壤重金属空间分布特征及污染评价［J］.环境工程，35（5）：149-153.

金姝兰，黄益宗，胡莹，等，2014.江西典型稀土矿区土壤和农作物中稀土元素含量及其健康风险评价［J］.环境科学学报，34（12）：3084-3093.

康萨如拉，牛建明，张庆，等，2014.草原区矿产开发对景观格局和初级生产力的影响——以黑岱沟露天煤矿为例［J］.生态学报，34（11）：2855-2867.

李长春，张光胜，姚峰，等，2014.新疆准东煤田五彩湾露天矿区土壤重金属污染评估与分析［J］．环境工程，32（7）：142-146．

李超，刘文兆，宋晓强，2016．神府矿区采煤塌陷裂隙对坡面土壤水分及植被生长状况的影响［J］．水土保持通报，36（6）：121-125．

李洁，刘桂香，李景平，等，2007．内蒙古杭锦旗荒漠草原近20年景观动态的研究［J］．中国草地学报，29（5）：72-78．

李景平，刘桂香，马治华，等，2006．荒漠草原景观格局分析——以苏尼特右旗荒漠草原为例［J］．中国草地学报，28（5）：81-85．

李倩，秦飞，季宏兵，2013，等．北京市密云水库上游金矿区土壤重金属含量、来源及污染评价［J］．农业环境科学学报，32（12）：2384-2394．

李轶，2004．煤矿开采对大同矿区水资源的影响［J］．山西煤炭管理干部学院学报，17（1）：56-57．

林健，张志超，邱卿如，等，2001．积累指数法对公路旁土壤中重金属污染的评价［J］．实用预防医学，8（5）：339-340．

刘晨，2015．放牧对草地植被、土壤空间异质性及其相互关系的调控机制［D］．长春：东北师范大学．

刘芳，塔西甫拉提·特依拜，依力亚斯江·努尔麦麦提，等，2015．准东露天煤田周边土壤重金属污染及潜在生态风险［J］．生态环境学报，24（8）：1388-1393．

刘桂香，2004．基于3S技术的锡林郭勒草原时空动态研究［D］．呼和浩特：内蒙古农业大学．

刘硕，吴泉源，曹学江，等，2016．龙口煤矿区土壤重金属污染评价与空间分布特征［J］．环境科学，37（1）：

270-279.

刘巍，杨建军，汪君，等，2016.准东煤田露天矿区土壤重金属污染现状评价及来源分析 [J]. 环境科学，37 (5)：1938-1945.

罗成科，毕江涛，肖国举，等，2017.宁东基地不同工业园区周边土壤重金属污染特征及其评价 [J]. 生态环境学报，26 (7)：1221-1227.

马成玲，周健民，王火焰，等，2006.农田土壤重金属污染评价方法研究——以长江三角洲典型县级市常熟市为例 [J]. 生态与农村环境学报，22 (1)：48-53.

马延东，2012.洛川苹果林地土壤重金属环境评价研究 [D]. 西安：陕西师范大学.

庞立东，刘桂香，2010.近二十年内蒙古西乌珠穆沁草原景观结构变化及驱动力浅析 [J]. 干旱区资源与环境，24 (10)：155-160.

苏楞高娃，2013.矿产开采对草原景观生态的影响——以锡林浩特市周边矿区为例 [J]. 草原与草业，25 (3)：40-43.

孙博，2016.地下采煤对矿山地质环境的影响分析 [J]. 工程技术：引文版 (5)：105.

孙改清，李素英，赵园园，等，2016.锡林浩特土壤颗粒分形特征与草原植物生物量的相关性研究 [J]. 资源科学，38 (6)：1065-1074.

田婷婷，2015.内蒙古大兴安岭典型矿区矿产资源开发对土地资源的影响 [D]. 呼和浩特：内蒙古农业大学.

佟斯琴，张继权，哈斯，等，2016.基于 MOD16 的锡林郭勒草原 14 年蒸散发时空分布特征 [J]. 中国草地学报，38 (4)：83-91.

王安琪，刘桂香，李小娟，2009.基于 TM 影像的内蒙古达茂旗草地景观格局动态分析 [J]. 中国草地学报，31（5）：30-36.

王漫漫，2016.太湖流域典型河流重金属风险评估及来源解析 [D]. 南京：南京大学.

王焱，潘贤章，解宪丽，等，2012.土壤含水量对反射光谱法预测红壤土壤有机质的影响研究 [J]. 土壤，44（4）：645-651.

王蓉，康萨如拉，牛建明，等，2013.草原区露天煤矿复垦恢复过程中植物多样性动态——以伊敏矿区为例 [J]. 内蒙古大学学报（自然科学版）（6）：597-606.

王心义，杨建，郭慧霞，2006.矿区煤矸石堆放引起土壤重金属污染研究 [J]. 煤炭学报，31（6）：808-812.

王新明，王长耀，占玉林，等，2006.大尺度景观结构指数的因子分析 [J]. 地理与地理信息科学，22（1）：17-21.

王子艳，2010.草原生态环境恶化原因探究 [D]. 北京：中央民族大学.

邬建国，2007.景观生态学：格局、过程、尺度与等级 [M]. 2 版.北京：高等教育出版社.

许志信，李永强，2003.草地退化对水土流失的影响 [J]. 干旱区资源与环境，17（1）：65-68.

杨胜香，袁志忠，李朝阳，等，2012.湘西花垣矿区土壤重金属污染及其生物有效性 [J]. 环境科学，33（5）：1718-1724.

杨霞，卫智军，运向军，2015.北方典型草原区近 30 年土地覆被变化研究——以锡林浩特市为例 [J]. 中国农业大学学报，20（4）：196-204.

杨勇，刘爱军，朝鲁孟其其格，等，2016.锡林郭勒露天煤

矿矿区草原土壤重金属分布特征［J］. 生态环境学报, 25
(5): 885-892.

杨勇, 2016.锡林郭勒露天煤矿区土壤重金属分布特征与植
被恢复研究［D］. 呼和浩特: 内蒙古农业大学.

岳征文, 张瑞强, 王健, 等, 2017.苏尼特右旗草原矿区土
壤重金属污染特征与生态恢复［J］. 林业资源管理 (6):
124-130.

战甜, 张武文, 包亮, 等, 2017.基于 3S 的霍林河一号露天
矿区土地利用动态变化研究［J］. 内蒙古农业大学学报
(自然科学版) (1): 58-64.

张丹, 2014.广西典型喀斯特河流沉积物重金属分布、来源
及风险评价［D］. 南宁: 广西大学.

张海威, 张飞, 夏楠, 2017.准东地区不同区域土壤重金属
关联性分析及空间分布［J］. 中国矿业, 26 (5): 74-80.

张宏斌, 杨桂霞, 黄青, 等, 2009.呼伦贝尔草甸草原景观
格局时空演变分析——以海拉尔及周边地区为例［J］. 草
业学报, 18 (1): 134-143.

张六一, 付川, 杨复沫, 等, 2014.微波消解 ICP-OES 法测
定 PM2.5 中金属元素［J］. 光谱学与光谱分析 (11):
3109-3112.

郑海朋, 阎建忠, 刘林山, 等, 2017.基于文献计量的草地
遥感研究进展［J］. 中国草地学报, 39 (4): 101-110.

钟佐桑, 汤鸣皋, 1999.淄博煤矿矿坑排水对地表水体的污
染及对地下水水质影响的研究［J］. 地学前缘, 6 (s1):
238-244.

BRIKI M, JI H, LI C, et al., 2015.Characterization, distribu-
tion, and risk assessment of heavy metals in agricultural soil
and products around mining and smelting areas of Hezhang,

China [J]. Environmental Monitoring & Assessment, 187: 1-21.

DINELLI E, TATEO F, 2001.Factors controlling heavy-metal dispersion in mining areas: the case of Vigonzano (northern Italy), a Fe - Cu sulfide deposit associated with ophiolitic rocks [J]. Environmental Geology, 40 (9): 1138-1150.

FACCHINELLI A, SACCHI E, MALLEN L, 2001. Multivariate statistical and GIS-based approach to identify heavy metal sources in soils [J]. Environmental Pollution, 114 (3): 313-324.

HOUGHTON R A, LEFKOWITZ D S, SKOLE D L, 1991. Changes in the landscape of Latin America between 1850 and 1985 I.Progressive loss of forests [J]. Forest Ecology & Management, 38: 143-172.

JUNG M C, 2001.Heavy metal contamination of soils and waters in and around the Imcheon Au - Ag mine, Korea [J]. Applied Geochemistry, 16 (11): 1369-1375.

LOTTERMOSER B G, ASHLEY P M, LAWIE D C, 1999.Environmental geochemistry of the Gulf Creek copper mine area, north-eastern New South Wales, Australia [J]. Environmental Geology, 39 (1): 61-74.

MEHR M R, KESHAVARZI B, MOORE F, et al., 2017.Distribution, source identification and health risk assessment of soil heavy metals in urban areas of Isfahan province, Iran [J]. Journal of African Earth Sciences, 132 (8): 16-26.

RIEUWERTS J S, FARAGO M, 1996.Mercury concentrations in a historic lead mining and smelting town in the Czech Republic:a pilot study [J]. Science of The Total Environment, 188 (2-3): 167-171.

SHA M, TIAN G, 2010. An analysis of spatiotemporal changes of urban landscape pattern in Phoenix metropolitan region [J]. Procedia Environmental Sciences, 2: 600-604.

SZCZEPANSKA J, TWARDOWSKA I, 1987. Coal mine spoil tips as a large area source of water contamination [J]. Advances in Mining Science & Technology, 2: 267-280.

THIBAULT P A, ZIPPERER W C, 1994. Temporal changes of wetlands within an urbanizing agricultural landscape [J]. Landscape and Urban Planning, 28: 245-251.

WEBER A, FOHRER N, MöLLER D, 2001. Long-term land use changes in a mesoscale watershed due to socio-economic factors-effects on landscape structures and functions [J]. Ecological Modelling, 140: 125-140.

WHITE J G, WELCH R M, NORVELL W A, 1997. Soil zinc map of the USA using geostatistics and geographic information systems [J]. Soil Science Society of America Journal, 61: 185-194.